北京水资源管理创新与实践

（2013—2017年）

汪元元　孙凤华　黄俊雄　王凤春　孙桂珍　主编

中国水利水电出版社
www.waterpub.com.cn
·北京·

内 容 提 要

北京市属于资源型重度缺水城市，水资源供需矛盾日益突出。本书以最严格水资源管理制度的“三条红线”和四项制度为核心，同时以2012年《北京市人民政府关于实行最严格水资源管理制度的意见》的发布为节点，分析和探讨2013—2017年5年间北京市实施最严格水资源管理制度取得的成效。本书共有6章，围绕北京市水资源与经济社会发展概况、北京市最严格水资源管理制度框架、用水总量控制制度、用水效率控制制度、水功能区限制纳污制度、最严格水资源管理考核制度及实施效果等核心内容进行深入浅出的阐述，这对于北京市的水资源管理具有重要意义。

本书适合水资源管理相关领域的读者阅读和借鉴。

图书在版编目（CIP）数据

北京水资源管理创新与实践：2013—2017年/汪元元等主编. -- 北京：中国水利水电出版社，2021.6
ISBN 978-7-5170-9103-5

Ⅰ. ①北… Ⅱ. ①汪… Ⅲ. ①水资源管理－研究－北京 Ⅳ. ①TV213.4

中国版本图书馆CIP数据核字（2021）第111707号

书　　名	北京水资源管理创新与实践（2013—2017年） BEIJING SHUIZIYUAN GUANLI CHUANGXIN YU SHIJIAN （2013—2017 NIAN）
作　　者	汪元元　孙凤华　黄俊雄　王凤春　孙桂珍　主编
出版发行	中国水利水电出版社 （北京市海淀区玉渊潭南路1号D座　100038） 网址：www.waterpub.com.cn E-mail：sales@waterpub.com.cn 电话：（010）68367658（营销中心）
经　　售	北京科水图书销售中心（零售） 电话：（010）88383994、63202643、68545874 全国各地新华书店和相关出版物销售网点
排　　版	金锋艺术设计中心
印　　刷	天津嘉恒印务有限公司
规　　格	184mm×260mm　16开本　11.75印张　271千字
版　　次	2021年6月第1版　2021年6月第1次印刷
定　　价	78.00元

《北京水资源管理创新与实践（2013—2017年）》

编委会

前言

PREFACE

北京市是资源型重度缺水城市，在1999—2011年的13年间，北京市遭遇持续干旱，年均降水量仅有480mm，为多年平均值的82%，年均形成水资源量21亿m^3，为多年平均值的56%，上游来水量锐减，人均水资源量逐年降低。随着城市的快速发展，特别是人口快速增长，北京市水资源短缺形势更加严峻，水资源供需矛盾日益突出。为贯彻落实中央相关文件精神，2012年8月，北京市人民政府发布了《北京市人民政府关于实行最严格水资源管理制度的意见》（以下简称《意见》），把最严格水资源管理摆在突出的位置，着力推进水资源管理实现跨越式发展。《意见》提出北京市2015年、2020年“三条红线”控制目标，明确建立用水总量控制、用水效率控制、水功能区限制纳污、水资源管理考核四项制度，形成最严格水资源管理制度体系。

在北京市范围内建立最严格水资源管理制度，是首都水资源可持续利用的要求，也是全面建设节水型社会的要求，更是加快经济发展方式转变和产业结构优化升级的要求。

第一，最严格水资源管理制度涵盖了水资源开发、利用、节约、保护等内容，贯穿于水资源循环利用的各个环节。从北京市资源型缺水、用水刚性需求强的基本水情出发，以实现水资源的合理开发、优化配置、高效利用为导向，建立和完善最严格水资源管理制度，可以缓解首都水资源短缺压力，实现首都水资源可持续利用。

第二，建立和完善最严格水资源管理制度体系，可以促进实现事前、事后管理相结合的全过程管理，有利于用水主体根据制度预期调节自身行为，通过确立正确的用水行为和评价标准，并根据标准加以奖罚，形成全过程、全方位、多角度的节水管理规范体系，建立长效的节水机制，形成以节水为导向的生产方式和消费模式，实现建设水资源节约型和环境友好型社会的目标。

第三，建立和完善最严格水资源管理制度体系，能够确立合理的水资源开发利用模式，促进经济发展方式转变和产业结构优化升级，从根本上提高水资源的利用效率和效益，实现国民经济高质量发展。

本书以最严格水资源管理制度的“三条红线”和四项制度为核心，以2012年北京市《关于实行最严格水资源管理制度的意见》的发布为节点，结合用水总量控制、用水效率控制、水功能区限制纳污、水资源管理考核四项制度中的理论研究和实践创新成果，分析和探讨2013—2017年5年间北京市实施最严格水资源管理制度取得的成效。

本书得到水利部公益性研究项目、北京市水务局公益性研究项目等多个项目的资助，项目成果先后通过评审和验收，专家给予了高度评价。

参与本书编写工作的有来自北京市水科学技术研究院、北京师范大学、首都经济贸易大学的多名科研人员。第一章由汪元元、孙凤华编写，第二章由王红瑞、汪元元、唐摇影编写，第三章由黄俊雄、刘黎明、汪元元编写，第四章由王凤春、孙桂珍编写，第五章由居江、蔡玉、王志强编写，第六章由汪元元、黄俊雄编写。全书由汪元元、黄俊雄统稿，孙桂珍、王凤春校稿，孙凤华审定。

书中相关数据主要来源于《北京市统计年鉴》《北京市水务统计年鉴》以及各区上报数据，部分数据为初步统计结果。

在课题研究和本书的出版过程中，得到了北京市水务局、相关局属单位和各区水务局的支持，得到了诸多专家的指导，并参考了大量资料，在此一并表示衷心感谢！

由于作者水平有限，如有不妥之处，恳请各位读者批评指正。

编者

2020 年 12 月

目 录
CONTENTS

前 言

第一章 北京市水资源与人口、经济和社会概况 …… 1

第一节 水资源概况 …… 2
第二节 人口、经济和社会概况 …… 4

第二章 北京市最严格水资源管理制度的沿革、内涵和框架 …… 8

第一节 北京市最严格水资源管理制度的沿革 …… 9
第二节 北京市最严格水资源管理制度的内涵 …… 10
第三节 北京市最严格水资源管理制度的框架 …… 11

第三章 用水总量控制制度 …… 15

第一节 水资源开发利用控制红线管理制度框架 …… 16
第二节 典型制度分析——水影响评价制度 …… 20
第三节 专题探讨——北京市水资源配置博弈机制模型研究 …… 40

第四章 用水效率控制制度 …… 55

第一节 用水效率控制红线管理制度框架 …… 56
第二节 节水型社会建设 …… 57

第五章 水功能区限制纳污制度 …… 88

第一节 水功能区限制纳污红线管理制度框架 …… 89
第二节 典型制度分析——水环境区域补偿 …… 90
第三节 专题探讨——北京市水资源水环境风险分析及控制研究 …… 105

第六章　最严格水资源管理考核制度及实施效果 …… 134

第一节　北京市最严格水资源管理考核制度研究 …… 135
第二节　专题探讨——2017 年北京市最严格水资源管理制度考核方案设计 …… 138
第三节　北京市最严格水资源管理制度实施效果 …… 150

附　录 …… 156

《北京市人民政府关于实行最严格水资源管理制度的意见》 …… 157
《北京市实行最严格水资源管理制度考核办法》 …… 161
《北京市节水型区创建考核工作指南（试行）》 …… 162
《北京市水环境区域补偿办法（试行）》 …… 173

参考文献 …… 177

第一章

北京市水资源与人口、经济和社会概况

第一节　水资源概况

北京市的水资源由入境地表水、境内地表水、南水北调水和地下水组成，地表水和地下水主要靠降雨补给。北京境内湖泊都很小，水量有限；地表水主要来自河水和人工修建的水库。北京境内有大小河流 100 多条，分属永定河、北运河、潮白河、大清河和蓟运河五大河系，总长 2700km，同属海河水系。

一、连续多年干旱

北京市多年（1956—2000 年）平均降水量为 585mm，形成地表水资源量为 17.7 亿 m^3，地下水资源量为 25.6 亿 m^3，水资源总量为 37.4 亿 m^3，入境水量为 16.06 亿 m^3，出境水量为 14.51 亿 m^3。

1999—2012 年，除 2012 年外，北京市连续 13 年干旱，年均降水量为 497mm，形成地表水资源量为 8.2 亿 m^3，地下水资源量为 16.5 亿 m^3，水资源总量为 22.9 亿 m^3。人均水资源量为 138.6m^3，远低于国际公认的人均 1000 m^3 的缺水警戒线。与多年（1956—2000 年）平均值相比，年平均降水量下降 15.0%，地表水资源量下降 53.7%，地下水资源量下降 35.5%，水资源总量下降 38.6%。1999—2012 年北京市年降水量变化如图 1–1 所示[数据来源于《北京市水务统计年鉴》（1999—2012 年）]，1999—2012 年北京市水资源状况如图 1–2 所示［数据来源于《北京市统计年鉴》（1999—2012 年）］。

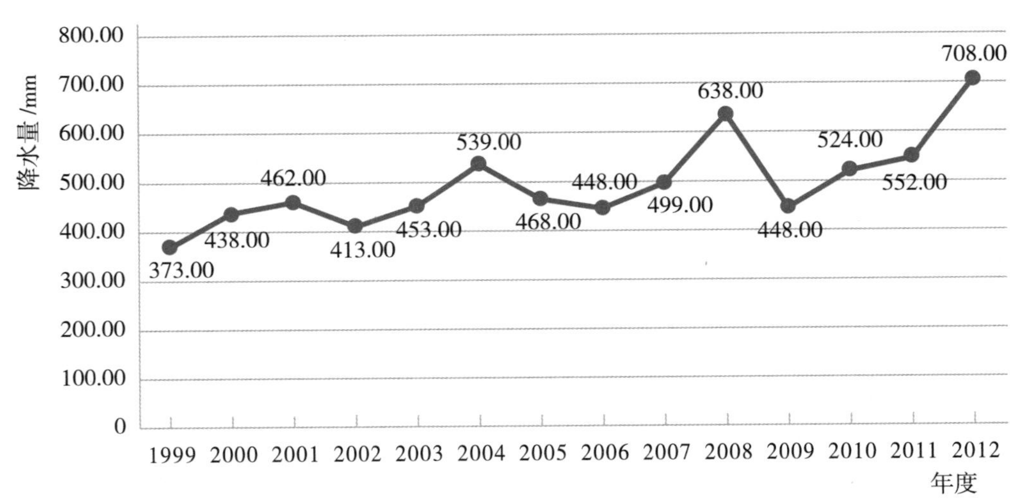

图 1–1　1999—2012 年北京市年降水量变化

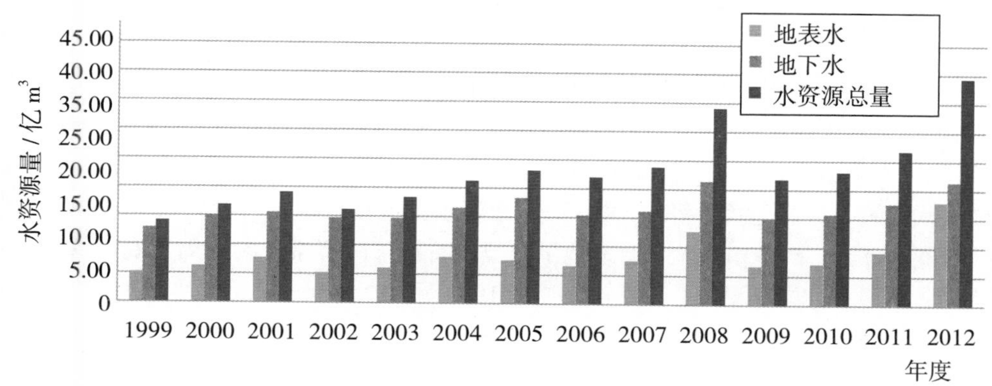

图 1-2　1999—2012 年北京市水资源状况

二、上游来水锐减

由于水库上游地区经济社会发展，大量耗用水资源，北京市入境水量大幅度减少。20 世纪 50 年代，密云水库上游年均来水量为 15 亿 m³，1999—2012 年，年均来水量仅为 2.9 亿 m³；20 世纪 50 年代，官厅水库上游年均来水量为 19 亿 m³，1999—2012 年，年均来水量仅为 1.1 亿 m³，可用水资源急剧减少。1999—2012 年密云水库、官厅水库上游年均来水量如图 1-3 所示［数据来源于《北京市水资源公报》（1999—2005 年）和《北京市水务统计年鉴》（2009—2012 年）］。

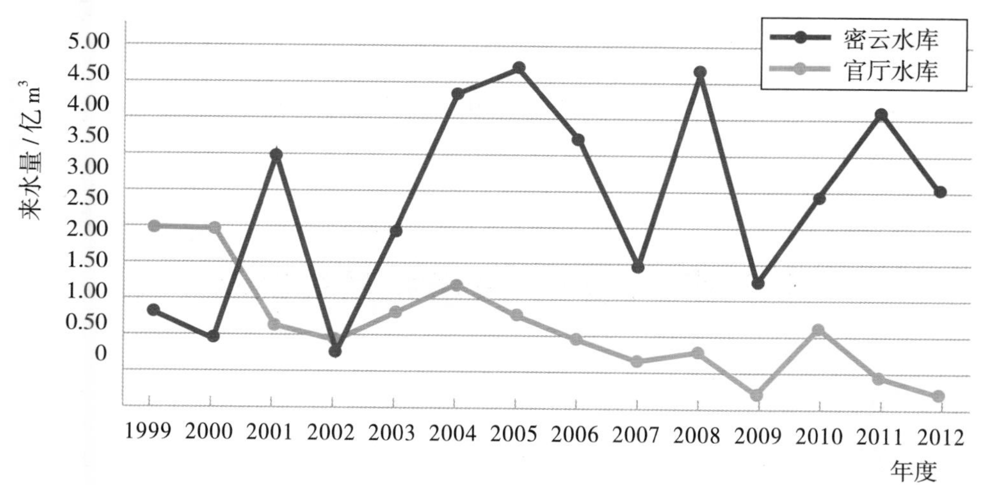

图 1-3　1999—2012 年密云水库、官厅水库上游年均来水量

三、水源战略储备消耗严重

为应对连续干旱，保障用水安全，从 1999 年开始，北京市采取动用水库库存、超采

地下水等特殊措施，支撑南水北调引江水到北京前的城市用水需求。13 年间，密云水库、官厅水库蓄水量减少 20 亿 m^3 左右，平原区地下水埋深从 1999 年的 14m 下降到 2012 年的 24.3m。为确保北京市供水安全，2003 年，北京市建 设了怀柔区、平谷区、房山区、昌平区 4 处应急水源地，并制定了“采二补三”的运行制度，但由于持续干旱，应急水源始终保持开采状态，得不到涵养。承担城市供水任务的其他水源地也由于连年开采，水位加速下降，取水能力大幅度衰减。第八水厂水源地日取水能力衰减 60%，第三水厂水源地日取水能力衰减 50%。水源地地下水位的持续下降严重影响了周边农民的生产和生活用水，城乡供水矛盾凸显。北京市平原区 1999—2012 年年末地下水平均埋深如图 1–4 所示［数据来源于《北京市水资源公报》（1999—2012 年）］。

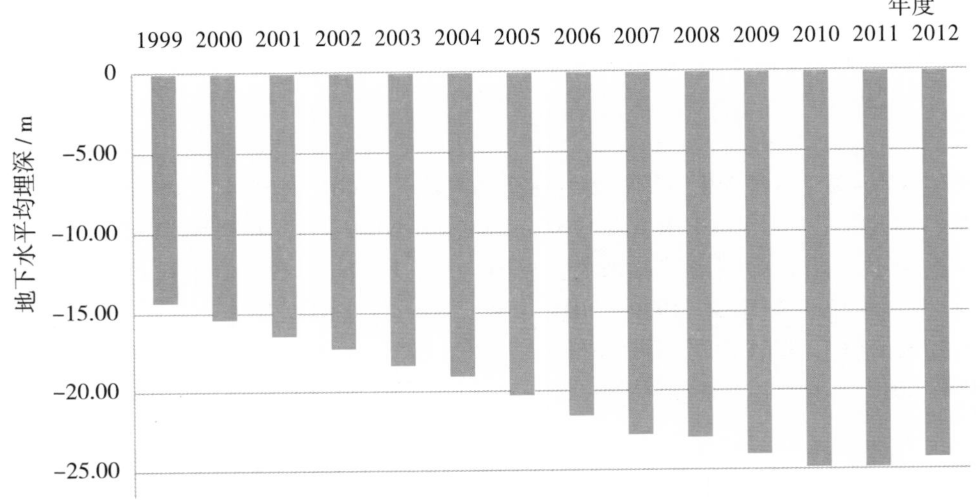

图 1–4　北京市平原区 1999—2012 年年末地下水平均埋深

第二节　人口、经济和社会概况

一、人口概况

北京是我国政治中心、文化中心、国际交往中心、科技创新中心。随着城市的变迁、经济和社会的发展，人口规模逐步扩大。特别是 2010 年之后，随着北京市产业结构加快调整和升级，基础设施建设及第三产业快速发展，流动人口大量增加，人口迅速膨胀，给资源、环境及城市的可持续发展带来了巨大压力和挑战。2014 年，非首都功能疏解工作开展以后，北京市常住人口快速增长趋势得到遏制，常住人口增速增量下降明显。2010—2017 年北京市常住人口变化情况如图 1–5 所示［数据来源于《北京市统计年鉴》（2010—2017 年）］。

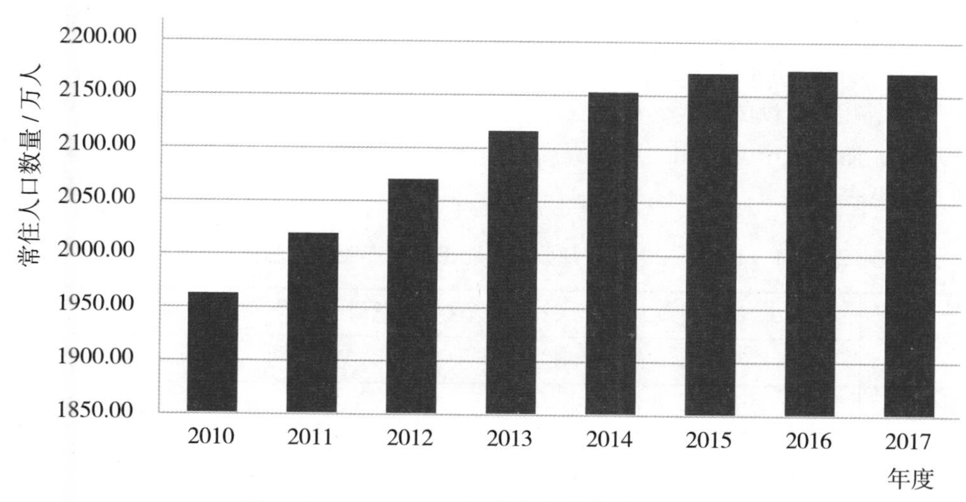

图 1-5　2010—2017 年北京市常住人口变化情况

从图 1-5 可以看出，北京市常住人口在 2015 年前增长明显。2016 年，北京市常住人口达到峰值，为 2172.9 万人，其中常住外来人口 807.5 万人，占常住人口的 37.2%。与 2010 年人口统计相比，外来人口增加 102.8 万人，平均每年增加 12.9 万人。

人口激增进一步加剧了北京市的水资源短缺形势。2016 年，北京市人均水资源量仅为 137.08 m^3，比 2010—2017 年平均量多 1.1%。用水快速增长，超过了区域水资源承载力，导致北京市成为世界上缺水严重的特大城市之一。2010—2017 年北京市人均水资源占有量与近年平均量如图 1-6 所示［数据来源于《北京市统计年鉴》（2010—2017 年）］。

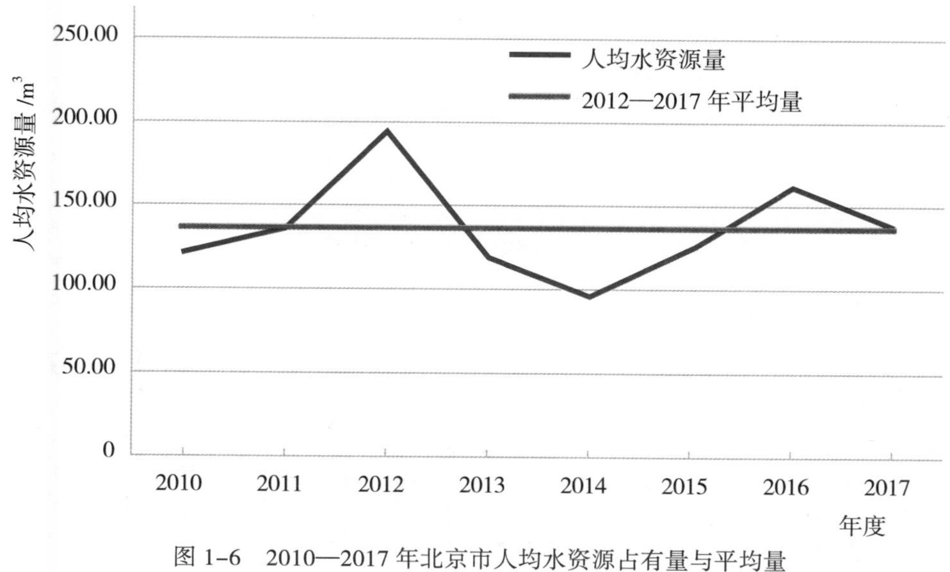

图 1-6　2010—2017 年北京市人均水资源占有量与平均量

二、经济概况

作为首都，北京的经济发展和社会稳定无疑具有重要的战略意义。自改革开放以来，北京市经济持续高速增长。1999 年，北京地区生产总值仅为 2713 亿元，2012 年增长至 18350 亿元，提高了 6.8 倍。在水资源短缺的背景下，北京市积极调整产业结构，有效地推进了节水型社会建设的步伐。耗水较多的第一、第二产业增加值在总的 GDP 中所占比例逐渐下降，而第三产业的比例逐渐提高。1978—2012 年部分年度北京市各产业生产总值构成变化见表 1–1。

表 1–1　1978—2012 年部分年度北京市各产业生产总值构成变化　　单位：%

年度	地区生产总值			
	第一产业	第二产业	第三产业	合计
1978	5.20	71.10	23.70	100.00
1980	4.40	68.90	26.70	100.00
1985	6.90	59.80	33.30	100.00
1990	8.80	52.40	38.80	100.00
1995	4.90	42.80	52.30	100.00
2000	2.50	32.70	64.80	100.00
2005	1.30	29.10	69.60	100.00
2010	0.90	24.00	75.10	100.00
2012	0.80	22.70	76.50	100.00

注：数据来源于《北京市统计年鉴》（1978—2017 年）。

北京市产业结构的调整，加上科学技术的发展，有效地减少了经济发展对水资源的消耗量，万元地区生产总值耗水量呈明显下降趋势，为缓解水资源短缺形势提供了突破的方向。1999—2012 年北京市地区生产总值以及万元地区生产总值水耗情况如图 1–7 所示［数据来源于《北京市统计年鉴》（1999—2012 年）］。

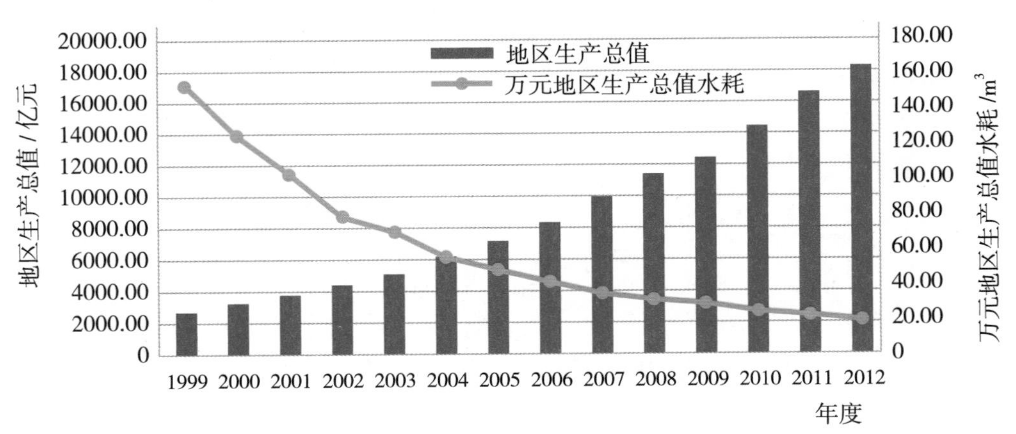

图 1–7　1999—2012 年北京市地区生产总值以及万元地区生产总值水耗情况

三、社会概况

随着北京市经济的快速发展和城市发展水平的提升，北京市在就业、教育、基础设施建设等方面迎来快速发展期。

随着城市人口的增长和人民生活水平的提高，城镇居民对水资源的需求不断增加。在水资源供需矛盾的情况下，北京市城市用水通过以供定需实行总量控制，按照“生活用水适度增长、环境用水控制增长、工业用新水零增长、农业用新水负增长”的原则确定用水量。2012 年，北京市用水总量为 35.88 亿 m^3，其中农业用水为 9.31 亿 m^3，工业用水为 4.89 亿 m^3，生活用水为 14.75 亿 m^3，生态用水为 6.52 亿 m^3。1999—2012 年北京市用水情况如图 1–8 所示［数据来源于《北京市统计年鉴》（1999—2012 年）］。

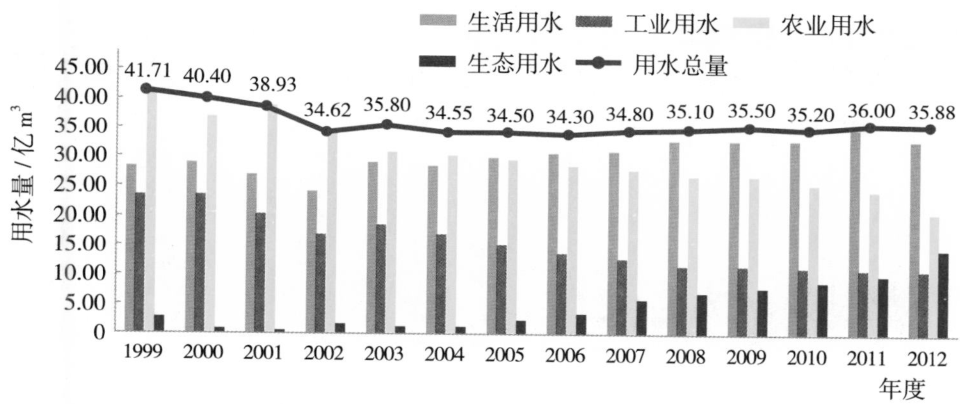

图 1–8　1999—2012 年北京市用水情况

第二章

北京市最严格水资源管理制度的沿革、内涵和框架

第一节　北京市最严格水资源管理制度的沿革

一、2004 年，为应对严峻的缺水形势提出建立最严格水资源管理制度

1999—2003 年，北京市连续 5 年干旱，平均降水量为 422mm，为多年平均的 72%。平均水资源总量为 19.6 亿 m^3，为多年平均的 52%。2003 年，北京市用水总量为 35.8 亿 m^3，当年水资源缺口约为 12 亿 m^3，靠动用水资源储备解决。其中动用密云水库、官厅水库库存 5 亿 m^3，超采地下水 7 亿 m^3。面对越来越严峻的水资源形势，为保障经济社会的可持续发展和 2008 年奥运会的顺利举办，2004 年 3 月，北京市水利局（水务局）制定了《建立最严格的水资源管理制度工作方案》，紧密围绕 9 个方面的核心内容开展，由此开始了最严格水资源管理制度的各项工作。

（1）全面实行用水计量管理，建立月统月报制度。密云水库、官厅水库、怀柔水库 5 个取水口准确计量，实行实时监控。全市各类机井实行装表计量。建立水资源月统月报制度。

（2）实行以供定需、计划供水管理。根据供水计划，向全市 10 大用水户、各区自来水公司下达用水指标，签订供水协议，节约有奖，超用加价。

（3）严格执行节水“三同时”制度。强化新建、改建、扩建项目节水设施和再生水、雨水利用“三同时”（同时设计、同时施工、同时投入生产和使用）管理，对不落实“三同时”要求的建设项目不予批准。

（4）建立节水器具准入、推广、使用制度。制定用水器具市场准入管理办法，家庭节水器具使用率每年增加 10 个百分点。

（5）提高水价，实行居民用水阶梯水价。综合水价由 4.07/m^3 元调整到 5.14/m^3 元。对城镇居民家庭用水试行阶梯水价。

（6）加强水资源统一调度，优化配置水资源。加快应急水源工程建设。制定再生水回用规划，建设再生水利用管线，扩大再生水回用量。在通州区、大兴区建设再生水回用高效节水灌区。

（7）严格水资源论证制度，强化取水许可管理。新建项目严格水资源论证制度。严格机井审批，规划市区原则上不再审批开凿新井，不再发展新的矿泉水生产，严格控制地热水开发和滑雪场建设项目。

（8）严格管理特殊行业用水。对全市特殊行业进行普查登记，规范特殊行业用水管理标准。取缔无照经营的洗车、洗浴店和纯净水生产企业。

（9）强化密云水库、怀柔水库水源地保护。水源地实行全封闭管理，重点部位实行实时监控。密云水库水位变动区加快退耕还草。水源地实行生态综合治理，库区上游地

区落实污水处理和垃圾无害化处理。

2004 年，实施最严格水资源管理制度的工作方案，从水资源总量控制和计划管理、节约用水和提高用水效率、生态治理和污染防治等方面加强北京市水资源管理的精细化程度，优化水资源配置，夯实水资源管理基础，强化管理手段，落实管理措施，逐步构建了最严格水资源管理制度的框架，为首都的发展提供了坚实的资源保障。

二、2012 年，结合新形势新要求重构并完善最严格水资源管理制度

2011 年，中共北京市委、北京市人民政府提出要坚持“量水发展”，坚持“以水定需”，实现城市的可持续发展。“量水发展”是基于水资源可持续利用的社会经济全面可持续发展，是最严格水资源管理制度的核心内容。总结 2004—2011 年北京市实行最严格水资源管理制度的实践，这一理念尚需在发展规划、城市建设、产业结构调整等领域贯彻。

2012 年年初，中共中央、国务院出台了《国务院关于实行最严格水资源管理制度的意见》，在更高层面提出了最严格水资源管理制度的总体要求和措施。根据中央的科学决策，北京市积极贯彻落实最严格水资源管理制度，发布实施《中共北京市委　北京市人民政府关于进一步加强水务改革发展的意见》（京发〔2011〕9 号）和《北京市人民政府关于实行最严格水资源管理制度的意见》（京政发〔2012〕25 号），由此开启了北京市最严格水资源管理制度新的创新和实践。

第二节　北京市最严格水资源管理制度的内涵

2011 年，《中共北京市委　北京市人民政府关于进一步加强水务改革发展的意见》（京发〔2011〕9 号）贯彻落实中央精神，进一步明确了建设最严格水资源管理制度。实施最严格水资源管理制度是当前和未来一段时期北京市水务的重要工作方针。

实行最严格水资源管理制度就是通过健全制度、落实责任、提高能力、强化监管，严格控制用水总量，全面提高用水效率，严格控制入河排污总量，加快节水型社会建设，促进水资源可持续利用。

最严格水资源管理制度的总体思路是以水资源配置、节约和保护为重点，强化用水需求和用水过程管理，落实管理责任制，加强执法监督，推动经济社会发展与水资源水环境承载能力相协调，保障经济社会长期平稳较快发展。

最严格水资源管理制度的主要工作内容是确立水资源开发利用控制红线，严格实行行业用水定额管理、区域用水总量控制制度；确立用水效率控制红线，全面推进高标准的节水型社会建设，努力培育节水的生产、生活方式，把节约用水工作贯穿于国民经济

发展和群众生产、生活的全过程；确立水功能区限制纳污红线，严格控制入河排污总量，各类水功能区水质达标；严格实施水资源管理考核制度，加强水量水质监测，将水资源管理纳入各级政府绩效考核内容。

最严格水资源管理制度的基本原则是坚持民生优先，着力解决人民群众最关心、最直接、最现实的饮用水、水环境等问题，保障水源安全、供水安全和生态安全；坚持人水和谐，顺应自然规律和经济社会发展规律，以水定需、量水发展；坚持统筹兼顾，协调好生活、生产和生态用水，合理配置地表水、地下水、外调水和再生水；坚持创新驱动，完善水资源管理体制和机制，创新管理方式和方法，注重制度实施的可行性和有效性。

第三节　北京市最严格水资源管理制度的框架

北京市最严格水资源管理制度的框架以总量控制为核心，促进提高用水效率和效益，推动水生态环境改善，包括目标层、任务层和措施层三个层级，具体见表 2–1。

表 2–1　北京市最严格水资源管理制度的框架

制度	层级		
	目标层	任务层	措施层
最严格水资源管理制度	水资源开发利用红线	用水总量控制	签订区用水总量责任书
		规划水资源论证	有待研究实施
		建设项目水资源论证	已实施，加强管理
		取水许可管理	已实施，加强管理
		用水指标管理	出台指标管理文件
		水资源费征收与使用	已实施，加强管理
		地下水保护	分区管理，加强机井管理
		多水源联合调度	已实施，加强管理
	用水效率红线	用水效率控制	签订行业用水效率责任书
		水价改革	研究推动
		产业用水效率准入	联合发展和改革委员会研究推动
		用水定额管理	已实施，加强管理
		节水“三同时”	已实施，加强管理

续表

制度	层级		
	目标层	任务层	措施层
最严格水资源管理制度	用水效率红线	节水技术改造	已实施，加强管理
		用水效率标识管理	联合其他部门研究推动
	水功能区限制纳污红线	水功能区限制纳污管理	研究推动水环境区域补偿制度
		污水处理厂升级改造	已实施，加快推动
		水质达标评价体系	已实施，加强监督
		入河排污口管理	联合环境保护局实施
		水源保护和水生态修复	逐步实施，加强管理
	保障措施	绩效考核	2012 年实施
		监控体系	逐步完善
		健全政策法规体系	加快相关法律法规出台
		社会监督机制	完善公众参与机制

北京市最严格水资源管理制度内容丰富，归纳起来主要包括 7 个方面，即生态管理、水源地管理、配置管理、计划管理、定额管理、风险管理和水市场管理。北京市最严格水资源管理制度基本内容示意图如图 2–1 所示，2012 年北京市水务局职能与水资源综合管理关系见表 2–2。

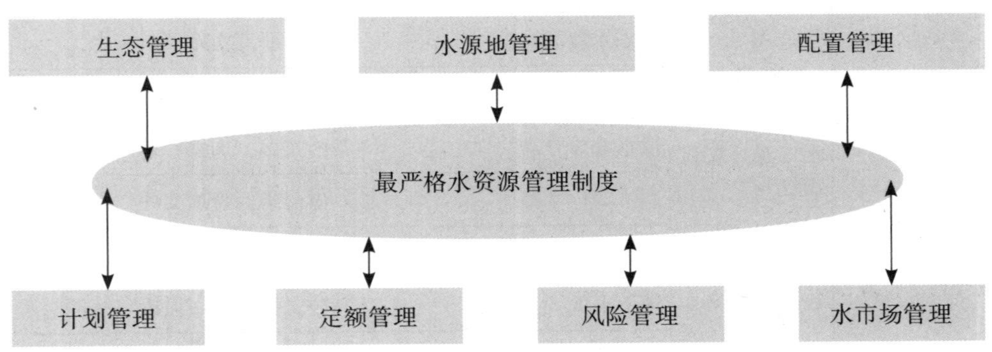

图 2–1　北京市最严格水资源管理制度基本内容示意图

（1）生态管理。北京市突出的生态问题是水资源短缺，而经济社会发展特别是农业灌溉超采地下水是致使北京市生态恶化的重要社会因素。因此，在无法改变自然因素的情况下，要遏制北京市生态恶化的趋势，改善生态环境，必须调整经济社会对自然环境的影响，减轻经济社会发展用水对自然生态的压力，以城市雨洪利用、再生水利用等节水措施补充生态用水，实现生态清洁小流域治理，改善生态环境。

表 2-2　2012 年北京市水务局职能与水资源综合管理关系

职能	水资源综合管理项目						
	生态管理	水源地管理	配置管理	计划管理	定额管理	风险管理	水市场管理
防汛抗旱	√	√		√		√	
水资源统一管理			√	√	√		√
供水排水监督管理			√	√	√		
河道、水库、湖泊、堤防管理	√	√				√	
水政监督与行政执法	√		√				√
水价管理和改革			√	√			√
水务科技信息化						√	√
节水管理				√	√		√
水土保持与农村水务建设管理	√	√					

注："√"表示涉及该项内容。

（2）水源地管理。城乡人民生活、社会生产发展等，对水源地的水量水质需求不同。长期以来，北京市地表水不足，地下水严重超采。要改变这种情况，须突出抓好各种水源的管理与利用。必须统筹地表水（含流域外调水）、地下水、土壤水和大气水的开发利用，不能再延续以地下水为主的水源利用模式。

（3）配置管理。实行用水总量控制制度，严格控制用水总量。按照"以供定需"的原则，对于取用水量超标行为，将暂停或停止区域内项目的取水许可。在控制用水总量过程中，取用水总量达到或超过年度用水总量控制指标的，暂停审批区域内新建、改建、扩建建设项目取水许可。取用水总量达到或超过规划期用水总量的，则停止区域内项目取水许可。对高耗水的产业要进行严格的论证，采取限制性的发展措施。

（4）计划管理。强化北京市的用水计划管理，从长期、中期和短期等不同层次制定区和用水大户的用水定额并分解落实。对非农业取水大户实现在线监管，逐步将公共供水户纳入计划用水管理。对计划的实施情况还要有较全面的评估，为制定更长远的计划提供依据。

（5）定额管理。水资源定额管理是强化水资源需求管理、建立节水型经济体系、维护水资源可持续利用的关键举措。为了有效地实施管理，从可管理、可实施的角度出发制定具体量化的取水定额指标体系。定额管理本来是一项行政管理措施，为了发挥定额管理在城市水资源可持续开发和利用中的有效作用，实现其在各管理尺度上的管理目标，除行政管理外，还需要在法律、经济、技术、教育政策和制度上进行补充和完善，在管理实践中应将市场环境、科学技术条件和政府行政管理有机结合，加强政府各部门、行业之间的信息交流和共享，充分发挥各种管理职能在定额管理中的合力作用。

（6）风险管理。北京作为首都和国际化大都市，必须具有较高的供水保证程度，它关系着首都的可持续发展、人民生活需要和社会安定。一旦出现供水危机，将造成巨大的经济损失和不良的国际政治影响。根据北京地区的水资源特点和首都的社会特点，对水资源实行风险管理是保障供水安全和首都发展稳定的重要内容。水资源风险主要来自水资源短缺和水污染两个方面，要对可能发生的水资源风险高度警惕。科学开发、高效利用、有效保护水资源是水资源管理的根本方针，也是降低水资源风险的基本思路。建立水资源风险管理机制，化解水资源危机，可以从预警系统、资源储备系统、控制系统和补偿系统考虑，具体来说，就是建立反应快捷的预警系统，必须有足够的水资源储备，建立强有力的水资源控制系统，提供以及建立水资源危机状态下的灾害补偿系统。

（7）水市场管理。创建水市场是分配水资源经营权和管理权、减少水资源短缺的一条重要途径。流域管理体制的确立也使水市场的确立成为可能。未来一段时期，水市场的发展空间主要体现在供水市场，而供水市场的运作主要依靠水价机制，因此要充分利用水价的杠杆调节作用对水市场进行管理。在建立水市场时，要明确产权，并处理好复杂的经济、社会和生态问题。

第三章

用水总量控制制度

面对水资源有限而需求不断增长的新形势，在采取开源节流或实施跨流域调水工程措施的同时，必须实行最严格水资源管理制度。北京市实行用水总量控制制度，建立全市用水总量控制指标体系。

第一节　水资源开发利用控制红线管理制度框架

用水总量控制红线，即水资源开发利用控制红线，是指通过核算一个区域或流域的取水及用水规模，确定该地区的用水总量指标，从而对水资源进行宏观控制。北京市水资源开发利用控制红线管理制度框架和主要措施如图 3–1 所示。

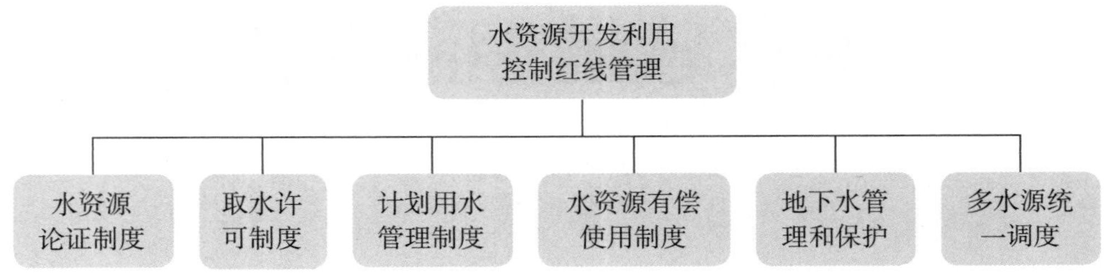

图 3–1　北京市水资源开发利用控制红线管理制度框架和主要措施

一、严格用水总量控制红线管理

按照“农业用新水负增长、工业用新水零增长、生活用水控制增长、生态用水适度增长”的原则，北京市政府结合水源条件和区域功能定位，分期确定各区和各行业的用水总量，作为控制红线。市水行政主管部门根据控制红线逐年制定并下达各区和各行业用水计划控制指标。2012 年北京市各区和各行业用水计划指标分配方案见表 3–1，北京市主要行业 2012 年用水计划见表 3–2。

二、严格规划管理和水资源论证

国民经济和社会发展规划、城市总体规划与新城和重点发展区域规划等规划的编制以及重大建设项目布局，应当进行水资源论证，由市水行政主管部门进行审查并签署意见。对未依法完成水资源论证或水资源评价工作的建设项目，审批机关不予批准，建设单位不得擅自开工建设和投产使用。对违反规定的，一律责令停止。

三、严格取水许可与用水指标管理

北京市应继续严格水资源取水许可管理，取用水部门应依法办理取水许可证。年用水总量 5 万 m^3 以下的，由区水行政主管部门审批，市水行政主管部门备案；年用水总量

表 3-1　2012 年北京市各区和各行业用水计划指标分配方案

单位：万 m^3

所属节水办		2012 年年度计划		用水类型						
		户数 / 户	计划量	工业用水和生活用水			城镇居民用水	农业用水		
				新水	再生水	合计		新水	再生水	合计
地表水大户		8	20325.00	6465.00	13860.00	20325.00	0	0	0	0
城区	城区再生水	0	20519.00	0	20519.00	20519.00	0	0	0	0
	市属	1436	22090.00	21830.00	260.00	22090.00	0	0	0	0
	东城区	4350	5296.00	2320.00	0	2320.00	2976.00	0	0	0
	西城区	5193	7144.00	2520.00	20.00	2540.00	4604.00	0	0	0
	朝阳区	2739	31059.00	9360.00	173.00	9533.00	21386.00	100.00	40.00	140.00
	丰台区	2139	14632.00	5140.00	21.00	5161.00	9371.00	100.00	0	100.00
	海淀区	2436	21611.00	7010.00	1000.00	8010.00	13341.00	260.00	0	260.00
	石景山	931	2282.00	875.00	0	875.00	1407.00	0	0	0
	合计	19224	124633.00	49055.00	21993.00	71048.00	53085.00	460.00	40.00	500.00
郊区	门头沟区	532	6334.00	3500.00	260.00	3760.00	1934.00	640.00	0	640.00
	房山区	489	27100.00	9830.00	2700.00	12530.00	2070.00	12500.00	0	12500.00
	通州区	1089	37194.00	7550.00	0	7550.00	3384.00	10000.00	16260.00	26260.00
	顺义区	1623	31320.00	8470.00	780.00	9250.00	2070.00	20000.00	0	20000.00
	昌平区	1142	21954.00	11530.00	650.00	12180.00	3374.00	6300.00	100.00	6400.00

续表

所属节水办		2012 年年度计划		用水类型						
		户数 / 户	计划量	工业用水和生活用水			城镇居民用水	农业用水		
				新水	再生水	合计		新水	再生水	合计
郊区	大兴区	1430	38908.00	9040.00	10.00	9050.00	3658.00	14200.00	12000.00	26200.00
	平谷区	412	10671.00	2210.00	580.00	2790.00	681.00	7200.00	0	7200.00
	怀柔区	690	8279.00	3200.00	2100.00	5300.00	279.00	2700.00	0	2700.00
	密云区	623	10241.00	4100.00	1200.00	5300.00	941.00	3700.00	300.00	4000.00
	延庆区	451	6858.00	2360.00	680.00	3040.00	518.00	3000.00	300.00	3300.00
	亦庄（北京经济技术开发区）	290	1467.00	1280.00	187.00	1467.00	0	0	0	0
	合计	8771	200326.00	63070.00	9147.00	72217.00	18909.00	80240.00	28960.00	109200.00
总计		28003	345284.00	118590.00	45000.00	163590.00	71994.00	80700.00	29000.00	109700.00

表 3-2　北京市主要行业 2012 年用水计划　　单位：万 m^3

行业	用水计划总量	用水类型	
		新水	再生水
工业	46578.00	27937.00	18641.00
学校	7159.00	7142.00	17.00
宾馆	5770.00	5770.00	0
医院	3162.00	3162.00	0
商业	2123.00	2123.00	0
园林绿化	20815.00	9828.00	10987.00
合计	85607.00	55962.00	29645.00

5 万 m^3 以上的，由市水行政主管部门审批，其中年用水总量 50 万 m^3 以上的报市政府批准。区域、行业取用水总量已达到或超过年度用水计划控制指标，暂停审批建设项目新增取水。

四、严格水资源有偿使用

北京市水行政主管部门要根据水资源形势，合理调整水资源费征收标准，扩大征收范围。完善水资源费征收、使用和管理办法，确保应收尽收，任何单位和个人不得擅自减免、缓征或停征水资源费。水资源费主要用于水资源节约、保护和管理，严格依法查处挤占、挪用水资源费的行为，实现水资源有偿使用。

五、严格地下水管理和保护

市水行政主管部门、环境保护主管部门会同相关部门划定地下水（环境）功能区，编制地下水保护规划，加强地下水动态监测和水位控制，定期开展地下水分区评价。重新核定地下水超采范围，一般超采区禁止农业、工业建设项目新增取用地下水，严重超采区禁止新增各类取水，逐步削减超采量。制定实施地下水压采方案，逐步关闭公共供水管网覆盖范围内的自备井，实现采补平衡。

六、强化多水源统一调度

依法制定和完善水资源调度方案、应急调度预案和调度计划，完善全市水资源统一调度机构，实行地表水、地下水、外调水、再生水统一调度，优化配置。各区政府要按照全市水资源调度方案编制本行政区域水资源调度与配置方案，区域水资源调度应当服从全市水资源统一调度。供水单位应按照全市水资源调度计划编制供水调度计划。

第二节　典型制度分析——水影响评价制度

一、水影响评价制度出台的背景

为贯彻党的十八大和十八届三中全会精神，落实国务院推进政府职能转变、改革行政审批制度的总体部署，2013 年，北京市要求各部门进一步精简审批事项、优化审批流程，对拟保留的审批事项，要逐项明确名称类别、实施机关、设定依据以及申请材料、审查内容、审批标准、办理程序等内容，并公开审批事项办理信息。经过认真梳理，涉水行政审批做出较大调整，市级审批事项由原来的 56 项调整为 31 项，其中取消 9 项，合并 14 项，下放 2 项。北京市人民政府办公厅印发《关于进一步优化投资项目审批流程的办法（试行）》（京政办函〔2013〕86 号）等一系列文件，对行政审批制度改革进行全面部署，明确将"水影响评价审查"纳入固定资产投资项目办理流程并作为前置审批事项，要求 2014 年 6 月底前在朝阳、海淀、丰台、通州、大兴 5 个区进行试点，在此基础上进一步推广至全市范围。

建设项目水资源论证、水土保持方案和洪水影响评价是《中华人民共和国水法》《中华人民共和国防洪法》和《中华人民共和国水土保持法》等法律明确规定的涉水审批事项，目的在于保护水资源、减轻洪水危害、减少水土流失。多年来，北京市水资源持续短缺，强降雨等灾害性天气明显增加，造成的危害越来越大，加强涉水项目审批的控制和优化作用，显得尤为重要。除水土保持方案外，建设项目水资源论证和洪水影响评价两项行政审批程序位置靠后，控制约束作用明显较弱，影响了行政审批作用的发挥。根据国家建立最严格水资源管理制度及推进行政审批制度改革的精神，将建设项目水资源论证、水土保持方案和洪水影响评价三项行政审批程序优化组合，并作为项目立项的前置条件，强化涉水审批控制。

北京市经济的快速发展和大规模基础设施建设，使北京市水资源短缺的问题愈发凸显，加上极端天气频繁发生，城市正常运转和未来发展的安全面临巨大挑战。水影响评价制度在全国首次尝试将建设项目水资源论证（评价）报告审批、生产建设项目水土保持方案审查、非防洪建设项目洪水影响评价报告审批三项行政许可合并为一项，目的是将水资源管理利用控制在源头上，不仅可以避免社会公众无端浪费各种自然资源，而且会使北京市社会公众在新建、改建、扩建的建设项目中因法规前置而多方受益，共同推动首都经济社会的可持续发展和科学发展。因此，建立北京市水影响评价制度，将水影响评价前置，强化涉水管理，严把涉水管理审批关，是提升水资源管理利用水平，实现首都量水发展而出台的一项重大改革举措。

二、水影响评价制度体系框架设计

（一）相关制度共性及差异性分析

环境影响评价报告、水土保持方案、水资源论证报告是建设项目立项的3个前置条件。在多年实践中，环境影响评价、水土保持方案的管理经历了逐步修改、发展、完善的过程，对于完善环境影响评价和水土保持治理体系，规范相关行为具有重要的作用，对建立健全水影响评价制度有诸多借鉴之处。

1. 环境影响评价制度

环境影响评价制度方面，根据国家法律《中华人民共和国环境保护法》《中华人民共和国环境影响评价法》，行政法规《建设项目环境保护管理条例》《规划环境影响评价条例》，部门规章《建设项目环境影响评价资格证书管理办法》《专项规划环境影响报告书审查办法》《环境影响评价审查专家库管理办法》及规范性文件《环境影响评价公众参与暂行办法》，逐步构建了环境影响评价的制度体系，健全了环境影响评价监督管理制度。在这些法律法规及其配套制度中，均明确了监督管理的对象、范围，对公众参与、资质单位、从业人员，审查机构和审查专家进行了详细的规定，为环境影响评价的监督管理提供了有力的抓手。

（1）明确了公众参与的方式。《中华人民共和国环境保护法》第十九条规定："编制有关开发利用规划，建设对环境有影响的项目，应当依法进行环境影响评价。"第五十六条规定："对依法应当编制环境影响报告书的建设项目，建设单位应当在编制时向可能受影响的公众说明情况，充分征求意见。负责审批建设项目环境影响评价文件的部门在收到建设项目环境影响报告书后，除涉及国家秘密和商业秘密的事项外，应当全文公开；发现建设项目未充分征求公众意见的，应当责成建设单位征求公众意见。"

《中华人民共和国环境影响评价法》第五条规定："国家鼓励有关单位、专家和公众以适当方式参与环境影响评价。"

《环境影响评价公众参与暂行办法》明确规定了公众参与的方式、范围、要求、组织形式等。

（2）明确了评价资质的管理方式。《建设项目环境保护管理条例》第六条规定："国家实行建设项目环境影响评价制度。"第十三条规定:"建设单位可以采取公开招标的方式，选择从事环境影响评价工作的单位，对建设项目进行环境影响评价。任何行政机关不得为建设单位指定从事环境影响评价工作的单位，进行环境影响评价。"

《建设项目环境影响评价资质管理办法》明确了资质的分类、审查主体、资质申请条件、资质申请与审批、资质单位管理、资质的考核与监督、违法使用资质的责罚等。

（3）明确了报告审查和审批的管理方式。《中华人民共和国环境影响评价法》第三十条规定："规划审批机关对依法应当编写有关环境影响的篇章或者说明而未编写的规划草案，依法应当附送环境影响报告书而未附送的专项规划草案，违法予以批准的，对直接负责的主管人员和其他直接责任人员，由上级机关或者监察机关依法给予行政处分。"

《建设项目环境保护管理条例》明确了环境影响评价审查和审批的主体、范围及审批机关的管理内容，以及实行中央、地方分类分级管理的范围。《专项规划环境影响报告书审查办法》明确了报告书的审查权限、审查方式、审查专家选取、审查责任等。

（4）明确了评审专家的管理方式。《环境影响评价审查专家库管理办法》明确了环境影响评价审查专家的权利、义务、责任，并明确了专家承担的法律责任。

（5）明确了相关机构及项目业主的法律责任。《中华人民共和国环境保护法》《中华人民共和国环境影响评价法》对建设单位的法律责任进行了明确规定。

《中华人民共和国环境保护法》第六十一条规定："建设单位未依法提交建设项目环境影响评价文件或者环境影响评价文件未经批准，擅自开工建设的，由负有环境保护监督管理职责的部门责令停止建设，处以罚款，并可以责令恢复原状。"

《中华人民共和国环境影响评价法》第三十一条规定："建设单位未依法报批建设项目环境影响报告书、报告表，或者未依照本法第二十四条的规定重新报批或者报请重新审核环境影响报告书、报告表，擅自开工建设的，由县级以上生态环境主管部门责令停止建设，根据违法情节和危害后果，处建设项目总投资额百分之一以上百分之五以下的罚款，并可以责令恢复原状；对建设单位直接负责的主管人员和其他直接责任人员，依法给予行政处分。建设项目环境影响报告书、报告表未经批准或者未经原审批部门重新审核同意，建设单位擅自开工建设的，依照前款的规定处罚、处分。建设单位未依法备案建设项目环境影响登记表的，由县级以上生态环境主管部门责令备案，处五万元以下的罚款。"第三十二条规定："建设项目环境影响报告书、环境影响报告表存在基础资料明显不实，内容存在重大缺陷、遗漏或者虚假，环境影响评价结论不正确或者不合理等严重质量问题的，由设区的市级以上人民政府生态环境主管部门对建设单位处五十万元以上二百万元以下的罚款，并对建设单位的法定代表人、主要负责人、直接负责的主管人员和其他直接责任人员，处五万元以上二十万元以下的罚款。"

2. 水土保持方案编制

水土保持制度方面，根据国家法律《中华人民共和国水土保持法》（中华人民共和国主席令第三十九号），行政法规《中华人民共和国水土保持法实施条例》（国务院令第120号）、《国务院关于加强水土保持工作的通知》（国发〔1993〕5号），部门规章及规范性文件《开发建设项目水土保持方案管理办法》（水保〔1994〕513号）、《开发建设项目水土保持方案编报审批管理规定》（水利部令第5号、水利部令第24号）、《水土保持方案编制资格证单位考核办法》（水保〔1997〕410号）、《开发建设项目水土保持设施验收管理办法》（水利部令第16号）、《关于印发<水土保持监测资格证书管理暂行办法>的通知》（水保〔2003〕202号）、《关于开发建设项目水土保持咨询服务费用计列的指导意见》（保监〔2005〕22号）、《关于规范水土保持方案技术评审工作的意见》（办水保〔2005〕121号），逐步构建了水土保持方案的制度体系，健全了水土保持方案编制的监督管理制度。在这些法律法规及其配套制度中，均明确了水土保持方案编制、审批监督管理的对象、范围，对资质单位、从业人员、审查机构和审查专家进行了详细的规定，为水土保持方案的管理提供了有力的抓手。

（1）明确了水土保持方案的审批主体和编制主体。《中华人民共和国水土保持法》第二十五条规定："在山区、丘陵区、风沙区以及水土保持规划确定的容易发生水土流失的其他区域开办可能造成水土流失的生产建设项目，生产建设单位应当编制水土保持方案，报县级以上人民政府水行政主管部门审批，并按照经批准的水土保持方案，采取水土流失预防和治理措施。没有能力编制水土保持方案的，应当委托具备相应技术条件的机构编制。生产建设项目水土保持方案的编制和审批办法，由国务院水行政主管部门制定。”

《中华人民共和国水土保持法实施条例》第十四条规定：“在山区、丘陵区、风沙区修建铁路、公路、水工程，开办矿山企业、电力企业和其他大中型工业企业，其环境影响报告书中的水土保持方案，必须先经水行政主管部门审查同意。在山区、丘陵区、风沙区依法开办乡镇集体矿山企业和个体申请采矿，必须填写‘水土保持方案报告表’，经县级以上地方人民政府水行政主管部门批准后，方可申请办理采矿批准手续。”

《开发建设项目水土保持方案管理办法》第三条规定：“建设项目环境影响报告书中的水土保持方案必须先经水行政主管部门审查同意。”第四条规定：“经过审批的开发建设项目如有较大变动时，项目建设单位应及时修改水土保持方案报告的内容，并报水行政主管部门审查。”

（2）明确了水土保持方案的法律效力。《中华人民共和国水土保持法》第二十六条规定：“依法应当编制水土保持方案的生产建设项目，生产建设单位未编制水土保持方案或者水土保持方案未经水行政主管部门批准的，生产建设项目不得开工建设。”第二十七条规定：“依法应当编制水土保持方案的生产建设项目中的水土保持设施，应当与主体工程同时设计、同时施工、同时投产使用；生产建设项目竣工验收，应当验收水土保持设施；水土保持设施未经验收或者验收不合格的，生产建设项目不得投产使用。”

《中华人民共和国水土保持法实施条例》第十四条规定：“建设工程中的水土保持设施竣工验收，应当有水行政主管部门参加并签署意见。水土保持设施经验收不合格的，建设工程不得投产使用。”

《开发建设项目水土保持方案管理办法》第五条规定：“建设项目中的水土保持设施实行‘三同时’制度，建设项目水土保持设施的竣工验收，必须有水行政主管部门参加签署意见。水土保持设施未经验收或者经验收不合格的，建设工程不得投产使用。”

《开发建设项目水土保持设施验收管理办法》明确了水土保持实施验收的程序，监督管理的主体、内容、方式、措施等。

（3）明确了水土保持方案完成的节点及相关单位、人员的责任。《开发建设项目水土保持方案编报审批管理规定》明确了水土保持方案的报批程序、各单位及人员的责任。第二条规定：“凡从事有可能造成水土流失的开发建设单位和个人，必须编报水土保持方案。其中，审批制项目，在报送可行性研究报告前完成水土保持方案报批手续；核准制项目，在提交项目申请报告前完成水土保持方案报批手续；备案制项目，在办理备案手续后、项目开工前完成水土保持方案报批手续。经批准的水土保持方案应当纳入下阶段设计文件中。”第五条规定：“水土保持方案的编报工作由开发建设单位或者个人负责。具体编制水土保持方案的单位和人员，应当具有相应的技术能力和业务水平，并由有关行业组织实施管理，具体管理办法由该行业组织制定。”

（4）明确了水土保持方案编制资格证单位考核方式。《水土保持方案编制资格证单位考核办法》明确了水土保持方案编制资格证单位、相关人员考核的主体、内容、措施等。

（5）明确了水土保持方案编制收费标准。《开发建设项目水土保持方案编报审批管理规定》明确了水土保持方案编制收费原则，第六条规定："编制水土保持方案所需费用应当根据编制工作量确定，并纳入项目前期费用。"

《关于开发建设项目水土保持咨询服务费用计列的指导意见》明确了建设项目水土保持方案编制、水土保持监理、水土保持监测、水土保持设施验收技术评估报告编制和水土保持技术文件技术咨询服务费计列标准。

（6）明确了水土保持方案技术评审的形式、主体等。《关于规范水土保持方案技术评审工作的意见》明确了水土保持方案的评审主体、评审方式、评审专家组成等，要求："水土保持方案技术评审单位须经水行政主管部门认定，对技术评审意见负责，并承担相应的法律责任。""水土保持方案技术评审由技术评审单位主持，应有水土保持、资源与环境、技术经济、工程管理和主体工程等专业的专家，项目所在地流域机构及地方水行政主管部门的代表，以及建设单位、主体工程设计单位、水土保持方案编制单位的代表参加。""水土保持方案技术评审应进行现场查勘。因特殊情况不能进行现场查勘的，应征得水行政主管部门的同意。"

（7）明确了水土保持方案实施效果的跟踪检查主体。《中华人民共和国水土保持法》第二十九条规定："县级以上人民政府水行政主管部门、流域管理机构，应当对生产建设项目水土保持方案的实施情况进行跟踪检查，发现问题及时处理。"

（8）明确了违反水土保持方案的法律责任。《中华人民共和国水土保持法》第四十七至第五十八条对违反规定的行为及其处罚方式做了明确规定。

3. 经验启示

（1）完善水影响评价制度体系。环境影响评价制度、水土保持制度以专门法律为统领，配套行政法规及规范性文件，逐步构建了环境影响评价、水土保持的制度体系，健全了环境影响评价、水土保持方案监督管理制度。北京市水影响制度主要依据《北京市建设项目水影响评价编报审批管理规定（试行）》，没有专门的行政法规对其进行规定和规范。由于该制度的效力不够，缺乏足够的约束，因此亟须借鉴环境影响评价制度体系的经验，逐步完善水影响评价制度体系。

（2）水影响评价涉及第三方的利益，应明确公众参与制度。水影响评价与受影响取水用户的取水权益及公众的环境权益密切相关，涉及建设项目取水、用水、退水及其对周边地区、水土保持等的影响和对策措施，如果在水影响评价过程中不重视维护上述主体的合法权益，有可能引发受影响取水用户和公众与建设项目业主单位之间的冲突和矛盾。在现行水影响评价制度的实施中，公众参与制度还比较薄弱，需要继续加强和完善。

（3）明确编制单位及从业人员的监督管理措施，规范资质管理。编制单位是水影响评价文件的编制主体和从业人员的直接管理机构，在目前的水影响评价制度中，编制能力管理仍是专项管理，工作中大部分是联合编制，缺乏统一的管理要求。因此，应借鉴环境影响评价制度，制定以能力（资质）管理为核心的编制单位、从业人员的监督管理措施，明确监督管理的范围、内容、集体措施等。

（4）明确评价报告审查和审批的监督管理措施，规范审查机构管理。审查机构是水影响评价文件的最终审定机构，经其审查的评价报告才具有效力，可作为区域水资源管理、审批许可、项目立项的重要依据。因此，审查机构责任重大，鉴于目前水影响评价法规体系中有关审查机构的监督管理缺乏具体内容，需要进一步细化针对审查机构监督管理的具体内容。

（5）明确评价评审专家的监督管理措施，规范专家管理。环境影响评价制度中有专门制定的《环境影响评价审查专家库管理办法》，明确了环境影响评价审查专家的权利、义务、责任，并明确了专家承担的法律责任；《关于规范水土保持方案技术评审工作的意见》明确了水土保持方案的评审主体、评审方式、评审专家组成、评审专家管理方式等。虽然在水影响评价法规体系中有《建设项目水资源论证评审专家工作章程》《北京市水影响评价审查专家库管理办法（试行）》，但是缺乏针对审查专家监督管理的具体规定，从目前各地选聘的审查专家来看，既有在职人员，又有退休人员，基本上都是以个人身份进行审查，无法承担任何责任，即使出现重大失误，最终承担责任的仍是审查机构，因此如何加强审查专家的监督管理也需要进行明确，以实现权责的有机统一。

（6）明确项目业主的监督管理措施。环境影响评价制度和水土保持方案监督管理体系中对项目建设单位的法律责任进行了专门规定，有效地保障了环境影响评价制度和水土保持方案审批制度的落实与实施，提高了环境影响评价制度、水土保持方案的权威性，遏制了项目单位的违法行为。在水影响评价制度中，项目业主既是建设项目的主体、开展建设项目水影响评价的委托方，又是用水主体，水影响评价的取用水监督管理主要针对项目业主的监督管理。因此，项目业主的取水、用水、退水过程，以及水土保持、洪水影响等是水影响评价监督管理的核心，而目前现行的法律法规对项目业主的监督管理手段还略显不足，需要制定专门的管理办法，进一步明确和规范项目业主的法律责任。

（二）水影响评价制度体系框架构建研究

水影响评价是对建设项目实施可能造成的水资源、水环境、水生态和水安全等方面的影响进行分析、预测和评价，提出预防或减轻不利影响的对策和措施。由于水影响评价中各部分内容对事前、事中、事后阶段的要求有些不相匹配，特别是防治措施和落实要求之间还存在较大差异，因此“三合一”后需要统筹考虑并协调一致，同时加快推进水务专业综合执法体系建设，以统筹加强事中、事后监管。另外，还要加强行业内部日常管理的衔接，尤其要做好水资源总量控制与年度用水计划动态管理间的衔接、日常行业管理与水政执法检查的衔接。

水影响评价工作是一项系统工作，必须建立水影响评价的完整体系，应包括水影响评价事前、事中和事后三个阶段。水影响评价体系建设框架如图 3–2 所示。

1. 事前阶段

事前阶段的任务是对项目开展水影响评价，并对评价结论进行审查。一是完善相关准备工作，明确资质管理、收费管理、专家管理、控制指标、技术导则、水影响评价管理等前期工作，细化水影响评价的范围、内容、程序、方式。通过上述工作，开展规划和土地储备项目，开展水影响评价审查，淘汰和限制不符合北京市“政治中心、文化中心、国际交往中心、科技创新中心”发展定位、不符合水资源可持续利用的建设项目。二是

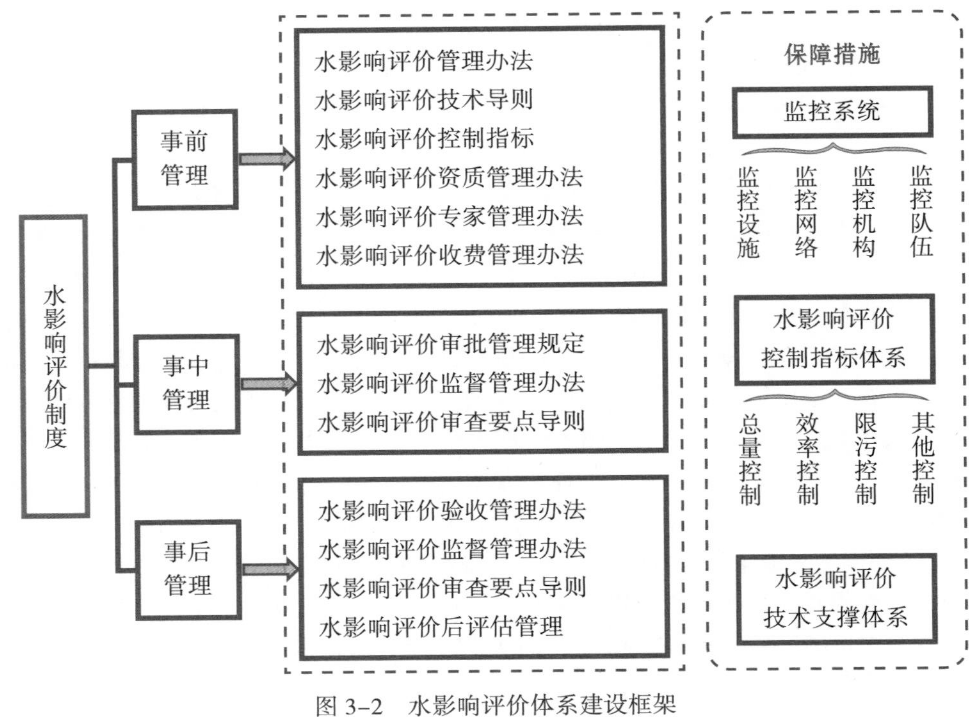

图 3-2　水影响评价体系建设框架

对建设项目开展水影响评价审查，对符合北京市发展政策的建设项目，要从水资源可持续利用、水土保持方案的合理性、洪水的影响等方面进行分析评价，落实最严格水资源管理制度和生态文明建设理念，使建设项目更加符合“量水发展”的要求。

2. **事中阶段**

事中阶段包括水影响评价的行政审批和项目建设阶段，重点规范行政审批和建设项目水影响监测。一是完善审批制度，进一步完善水影响评价审批管理规定，制定出台水影响评价监督管理办法、水影响评价审查要点导则等。二是开展监测，在水资源方面，重点开展取用水监测，包括自备井、节水器具、污水处理设施和再生水利用设施等的建设安装；在水土保持监测方面，重点对临时围挡、苫盖、施工临时排水沟、沉砂池和降尘等设施进行监测，同时监测透水路面、下凹绿地、集水池和渗坑渗井等雨水利用设施，以及植被措施、表土利用、土石方利用和施工降水等措施是否按照水影响评价方案建设；在洪水影响监测方面，重点监测雨水排水管网、雨水泵站和调蓄设施等消除洪水影响的设施是否按方案落实。

3. **事后阶段**

事后阶段是项目实施完成后的验收与评价阶段，开展项目竣工期的水影响评价措施验收，包括取水、用水、排水、污水处理和回用等措施，水土保持措施与洪水影响评价措施的验收，以及项目的后评估和区域水影响评价的后评估。建设项目的后评估包括取用水的合理性评价、污水处理规模合理性评价、退水影响评价；水土保持措施运行维护评价、洪水影响评价提出的工程措施运行维护评价。区域水影响评价后评估包括总量控制评价、效率控制评价、水功能区达标率评价和内涝防治评价等。

为保障水影响评价工作的顺利开展，必须从水影响评价监控体系、水影响评价控制指标体系、水影响评价技术支撑体系等方面强化保障措施建设。

三、水影响评价制度的主要内容

按照现行的行政许可法规政策和实行最严格水资源管理制度的要求，“建设项目水资源论证（评价）报告审批”“生产建设项目水土保持方案审批”“非防洪建设项目洪水影响评价报告审批”三项行政许可合并为“水影响评价审查”一项，统一实施行政许可审批。为做好涉水行政审批事项试点工作，规范建设项目水影响评价文件编制、技术审查、申报、审批的管理，2013年北京市水务局印发了《北京市建设项目水影响评价编报审批管理规定（试行）》（以下简称《规定》）、《北京市建设项目水影响评价文件编制指南（试行）》《北京市水影响评价审查专家库管理办法（试行）》等规范性文件，组建了北京市水影响评价评估中心（筹），负责水影响评价审查的技术支持、评价机构考评等工作，基本明确了建设项目水影响评价的组织管理模式、事权划分原则、报告编制要求和专家审查方式等。

1. 改革创新的主要内容

（1）实行“三合一”审批。将“建设项目水资源论证（评价）报告审批”“生产建设项目水土保持方案审批”“非防洪建设项目洪水影响评价报告审批”三项行政许可合并为“水影响评价审查”一项行政许可。将三项审批合并进行，只需项目建设单位委托评价单位编制一份报告、管理部门实行一次集中评审、行政机构出具一个行政许可决定，从而有利于进一步强化管理，提高审批效率。

（2）设置“两类节门”。水影响评价包括两个层面：规划和土地储备的水影响评价，建设项目的水影响评价。前者做宏观层面的控制，后者做具体项目的控制，分别相当于“总节门”和“分节门”。同时将水影响评价审查作为建设项目立项的前置条件，与环境影响评价审查实施并联审批，大大增强了水务对城乡规划建设的约束和引导作用。

（3）出具“一个意见”。将水务部门出具的水资源方面供给条件（涉水事项审查意见），与相关部门出具的规划、节能、环保、交通、文物、地震、民防等审查意见（要求）一起纳入土地储备和一级开发项目办理流程。在土地储备前期整理阶段和土地公开交易之前，分别由国土和规划部门牵头以联席会和协调会的形式研究提出综合供地条件和规划条件。

2. 水影响评价制度的主要内容

为确保水影响评价制度的顺利试行，北京市水务局发布了一系列规范性文件，基本建立建设项目水影响评价制度框架，明确了评价范围、报告编制、审批管理、机构设置等。

（1）明确水影响评价审查适用范围。综合有关法律法规的相关规定，结合北京市实际，明确在北京市行政区域内新建、改建、扩建建设项目，有下列情形之一的，应当编制水影响评价文件：直接从河流、水库、湖泊或地下取水并需申请取水许可证的，取用公共管网水或者再生水的，可能造成水土流失的，在洪泛区、蓄滞洪区内或者跨蓄滞洪区的；铁路、公路、管线、河道等线性工程，卫星城（新城）、经济开发区、科技园区、住宅区、小城镇、大型骨干企业、重大建设项目可能影响防洪排涝安全的。

（2）明确分类管理和分级审批要求。建设项目水影响评价文件主要包括建设项目水资源、洪水影响、水土保持等涉水情况，重点为取用水合理性分析、取水和退水论证、建设项目对防洪安全的影响评价、内涝对建设项目的影响评价、主体工程水土保持分析与评价、水土流失预测、水土流失防治方案与投资概（估）算等内容。水影响评价文件按照日取（用）水量、动土量、占地面积，以及可能对防洪安全产生影响的程度等分级标准，分为报告书、报告表、登记表三类，分别对应不同的深度要求，具体见表 3–3。同时，实行市、区（县）分级审批制度，并明确了分级审批的相关要求，具体见表 3–4。

表 3–3　水影响评价文件分类管理要求

分类	应编制报告书的建设项目	应编制报告表的建设项目	应编制登记表的建设项目
取用水	日均取（用）水量＞ $150m^3$	$30m^3$ ＜日均取（用）水量≤ $150m^3$	日均取（用）水量≤ $30m^3$
水土保持	征占地面积＞ $1hm^2$ 或者挖填土石方总量＞ 1 万 m^3	0.5 hm^2 ＜征占地面积≤ $1hm^2$ 或者 0.5 万 m^3 ＜挖填土石方总量≤ 1 万 m^3	征占地面积≤ $0.5hm^2$ 或者挖填土石方总量≤ $0.5m^3$
工程规模	铁路、公路、管线、河道等线性工程长度＞ 5km	1km ＜铁路、公路、管线、河道等线性工程长度≤ 5km	铁路、公路、管线、河道等线性工程长度≤ 1km 或者重大建设项目占地面积＜ $1hm^2$
影响防洪排涝安全	卫星城（新城）、经济开发区、科技园区、住宅区、小城镇、大型骨干企业、重大建设项目占地面积＞ $10hm^2$，可能影响防洪排涝安全的； 在洪泛区、蓄滞洪区内或者跨蓄滞洪区的； 改变排水分区和排水路由、低洼地区等受洪涝影响较大的	$1hm^2$ ＜卫星城（新城）、经济开发区、科技园区、住宅区、小城镇、大型骨干企业、重大建设项目占地面积≤ 10 hm^2，可能影响防洪排涝安全的	
其他事项	涉及危险品生产、贮存、销售、使用的		

规定了市、区（县）两级审批的协调机制，要求市级审查的水影响评价文件在报审时，应同时抄送项目所在区（县）水行政主管部门，区（县）水行政主管部门应当在市级技术审查会上提出意见或者提交书面意见；其他项目由所在区（县）水行政主管部门审批，每季度向市水行政主管部门备案一次。

（3）明确编报内容和统一审查要求。将水资源、水土保持、防洪影响、取水条件、排水条件纳入水影响评价文件的编制内容，一并进行审查，同时明确铁路、公路等线性工程如穿越河湖，应单独编制穿越部分工程方案；代征、代建项目中代征面积应纳入水影响评价分析范围；代征不代建项目中代征面积的雨水利用和洪水影响评价应纳入水影响评价文件分析范围；需要穿越河湖的铁路、公路、管线等线性工程，除编制水影响评价文件外，穿越河湖部分还应单独编制防洪评价报告。水影响评价文件通过技术审查后，

表 3-4 水影响评价文件分级审批要求

级别	审批要求
市级审批	新建、改建、扩建项目有下列情形之一的，由市水行政主管部门审批： （1）年取（用）水量 5 万 m^3 以上的，新增地下取水并需申请取水许可证的。其中年取（用）水量超过 50 万 m^3 的，由市水政主管部门报市政府批准后审批； （2）拟市级立项、核准、备案，可能造成水土流失的建设项目；中央立项，征占地面积不足 50 hm^2 且挖填土石方总量不超过 50 万 m^3 的建设项目； （3）拟中央和市级立项、核准、备案建设的铁路、公路干线、卫星城、经济开发区、科技园区、住宅区、小城镇、大型骨干企业、重大建设项目以及在洪泛区、蓄滞洪区内或者跨蓄滞洪区建设的非防洪建设项目； （4）拟中央审批、核准立项及备案且已下放行政审批权的建设项目
区（县）级审批	其他项目由所在区（县）水行政主管部门审批，每季度向市水行政主管部门备案一次

方可进入行政许可办理程序。

（4）明确编制时间节点、审批流程和时限。要求审批类、核准类建设项目的，水影响评价文件应当在办理项目立项手续前编制；备案类建设项目的水影响评价文件应当在办理建设项目规划许可证之前编制。

水行政主管部门接到项目单位立项申请告知单后，告知项目单位到有编制能力的单位编制水影响评价文件，以合同方式约定质量、时间等；水行政主管部门接到经评审的水影响评价文件后，12 个工作日内完成审批（比原规定 20 个工作日压缩了 8 个工作日），其中通过公开交易市场取得土地开发权的项目为 7 个工作日，土地储备项目为 5 个工作日。

（5）建立专家评审制度并制定管理要求。建立了涵盖水务主要业务专业的专家库，制定了评审专家管理办法。专家审查组提出的技术评审意见，作为进入行政审批窗口的必要条件。要求水影响评价文件的技术审查应当由水行政主管部门或者其委托的技术审查机关组织，并出具技术审查意见或者技术评估报告。

（6）明确编制单位能力要求。水影响评价文件应当由具有水资源论证、水土保持方案和洪水影响评价能力或者相应技术条件的单位编制。

在行政许可受理条件中，明确要求的资料为：编制单位、编制人员能力证明文件的复印件和文件编制委托书复印件，以及水影响评价文件的技术评估报告和修改说明。

（7）建立行政机构内部的联审联批机制。水影响评价内容涉及水务局内部水资源、规划计划、建设管理、郊区水务、供水、排水等处室，为提高审批效率，建立了内部联审联批工作机制，并实行局级、处级和具体工作人员“AB 角”制度，确保从行政审批窗口接件后，能在规定时限内作出决定，并在规定期限内以决定书的形式将行政决定告知项目单位。为加强内部统筹，部分区水务局已单独成立行政审批科，专门负责水行政审批工作。

（8）初步建立技术支持机构。准备组建北京市水影响评价评估中心（筹），主要承担北京市水务局实施水影响评价审查的技术支持工作。同时，为规范建设项目水影响评价文件编制费取费标准，维护委托人和评价机构合法权益，提高水影响评价工作质量，促进水影响评价工作健康发展，要求水影响评价文件编制费用由委托方与被委托方按照国家和北京市有关规定协商确定。

（9）明确地方水行政主管部门的职责及与中央的关系。按照规定应当由国务院水行政主管部门审批水资源论证报告、水土保持方案报告、洪水影响评价报告的建设项目，在报送国务院水行政主管部门审批前，应当报市水行政主管部门初审并出具意见。

四、水影响评价制度试点执行情况分析

1. 总体情况

水影响评价审查工作在西城区、朝阳、海淀、丰台、通州、大兴 6 区试点以来，制度体系初步形成，实践工作取得了成效。截至 2014 年年底，全市共办理水影响评价项目 127 件，其中市级审批 32 件。累计核减用水量超过 400 万 m^3，核减排水量超过 230 万 m^3，新增雨水调蓄池 5.8 万 m^3，新增透水铺装 21 万 m^3，新增下凹式绿地 32 万 m^3，综合利用土石方超过 1200 万 m^3。其中，海淀区规范水影响评价审查工作，实现建设项目全覆盖。审查的项目中，轨道交通、道路、配水管线、河道、公交站、垃圾站等基础设施项目最多，为 19 项；保障房、写字楼、实验楼等房地产类建设项目次之，为 12 项；供暖、供水等工业企业项目 9 项；农业节水项目 1 项。北京市 2014 年试点区水影响评价分区、分行业批复水量（市级审批）分别如图 3–3 和图 3–4 所示。

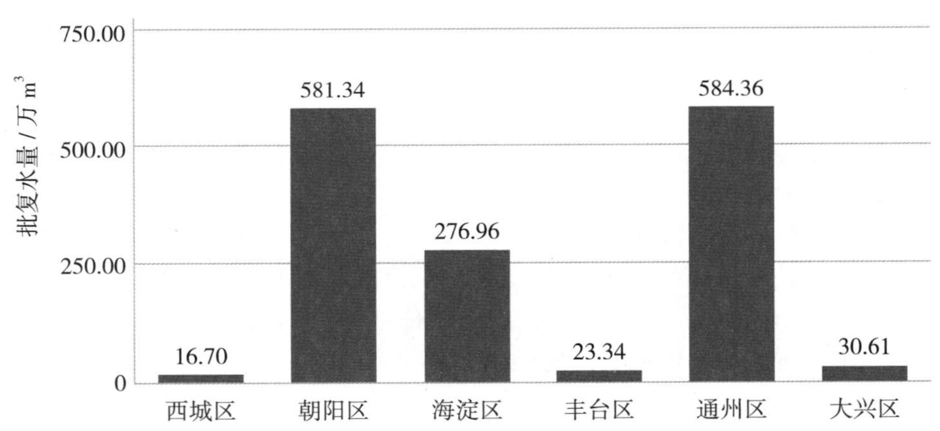

图 3–3　北京市 2014 年试点区水影响评价分区批复水量（市级审批）

通过审查水影响评价，对建设项目取用水资源进行了合理配置，对供水、排水提出了严格的限制条件，对水土保持措施提出了明确的要求，对洪水影响进行了充分的论证，体现了水在城市发展中的约束和引导作用。

2. 海淀区试点情况

为贯彻北京市《关于进一步优化投资项目审批流程的办法（试行）》（京政办函〔2013〕86 号）文件精神，推进涉水行政审批事项试点工作，海淀区于 2013 年 12 月在全市率先实行水影响评价审查工作。结合海淀区投资项目审批制度改革，启动了以下工作。

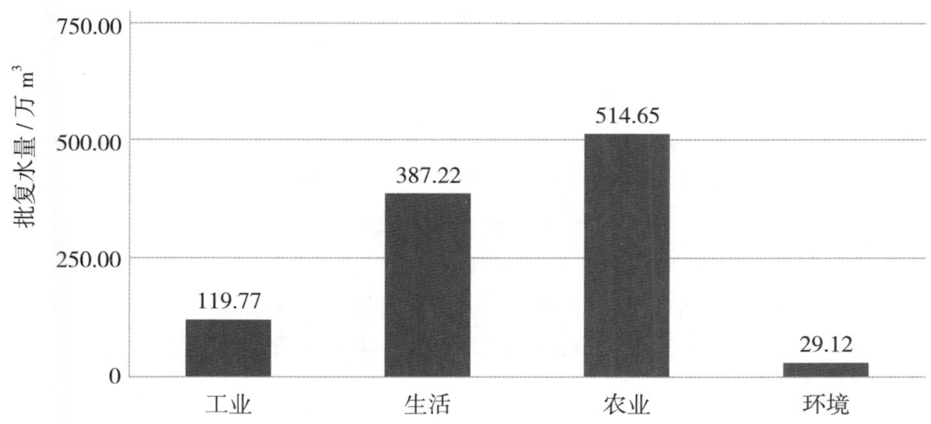

图 3-4　北京市 2014 年试点区水影响评价分行业批复水量（市级审批）

（1）根据海淀区投资项目审批制度改革工作的要求，区水务局与区编办、区政务中心协调联动，将水影响评价审查列入投资项目审批的立项阶段模块。

（2）按照区编办要求，认真梳理了该制度的审批流程，明确了投资项目申报的审批目录、审批权限，并按照"便民高效"的原则精简了审批时限，同时积极做好与市水务局的对接工作。

（3）就立项阶段工作，经与牵头部门——区发改委协调、衔接，明确将水影响评价审查作为海淀区投资建设项目的立项前置条件，就相关工作操作流程和技术审查问题基本达成一致。

（4）参加建设项目水影响评价管理人员培训班，就水影响评价审批控制要点、编制内容等进行了系统的学习。

（5）积极学习相关文件精神，培训窗口工作人员，对立项前办理水影响评价事项的单位和个人咨询认真进行政策解读和宣传。

（6）2013 年 12 月 25 日，按照新的工作标准，对区级立项的改建项目开展技术审查，该审查也是北京市第一个进行水影响评价的项目。

3. **试点运行中存在的问题**

（1）水影响评价审查立法工作有待加强。建设项目水资源论证、水土保持方案、洪水影响评价是《中华人民共和国水法》《中华人民共和国水土保持法》《中华人民共和国防洪法》等法律法规明确规定的涉水审批事项。但是"三合一"后形成的水影响评价审查制度在国家或地方法律层面上尚未得到确认，水影响评价缺乏法律法规支撑，不利于此项改革的推进，特别是在依法治国的背景下，亟须修订或出台相关支撑性法律。另外，健全水影响评价制度本身的法规制度也需要推进，进一步完善监督管理、公众参与、评价规范等相关配套制度、政策和标准。

（2）水影响评价审查工作发展不平衡。从试点情况看，部分试点区对优化投资项目行政审批制度改革认识还不够到位，存在政策理解不够到位和把关不够严格的情况，部分建设单位未取得水影响评价审查批准文件也准予立项、发放许可证件。也有部分建设单位存在观望心态，认为试点时间过去了，仍可以按原办法进行，因而迟迟不做方案。有的区水务部门与相关部门工作衔接还不流畅，存在审查项目发生短路的现象。

（3）评价机构能力较弱。水影响评价文件是“三合一”的综合报告，编制综合报告书有一定难度。一些不具备能力的评价机构为抢占市场，以较低的报价承接评价任务，但由于自身水平有限，对水影响评价文件中的某些专业技术知识掌握不深，又对北京水务情况不熟悉，编制的报告要么专家审查不过关，要么修改时间过长等，造成建设项目审批时限延长，影响了水影响评价工作的开展。

（4）市、区政府审批平台建设亟须加快。试点期间，市政府政务审批平台尚未实现同步调整，部门之间无法实现网上受理、适时对接、并联审批，对落实改革政策产生了一定影响，影响办理时效。

（5）未建立监督管理和后评估制度。水影响评价审批制度中，水影响评价文件审批列入项目前期工作，确保了水资源的节约使用和优化配置，因此在项目后期办理取水许可审批过程中，可以检查业主单位就水影响评价文件中提出的节水措施和水资源保护措施的落实情况。而未办理取水许可的项目，无法进行追踪管理和后续监督，容易造成水影响评价文件审批流于形式。另外，已经审批水影响评价文件并已运行多年的建设项目，缺乏后评估制度，尤其是未办理取水许可的项目更无法了解其水资源开发利用和保护的具体工作情况，因此要建立水影响评价后评估制度。

（6）评价程序有待加强。水影响评价涉及范围广，探索性和创新性强，水影响评价与现行的行政审批项目设置、管理模式、相关技术规范等方面还存在统筹和衔接上的难点，相关部门网上办公、并联审批、基础数据信息共享对接还存在不协调现象。另外，水影响评价内容涉及市水务局内部水资源、规划计划、建设管理、郊区水务、供水、排水等处室，如何协调各处室、提高审批效率，需要进一步研究，其中亟须统筹协调区相关主管部门的关系，提高审批效率。

（7）公众参与程度不够。行政管理行为的实施必须重视与公众的沟通，这既是保护人民群众合法权益的需要，也是依法行政的必然要求。水影响评价与受影响取水用户的取水权益和公众的环境权益密切相关，如果在水影响评价过程中不重视维护上述主体的合法权益，有可能引发受影响取水用户和公众与建设项目业主单位之间的冲突和矛盾。在水影响评价制度实施过程中，公众参与程度还比较低，需要继续加强和完善。

五、完善水影响评价制度体系的对策与建议

（一）制度建设方面

1. 加强法律法规建设

（1）加快推动修订相关法律法规。鉴于“建设项目水资源论证（评价）报告审批”“生产建议项目水土保持方案审批”“非防洪建设项目洪水影响评价报告审批”三项行政许可“三合一”后形成的水影响评价审查制度在国家法律层面上尚未得到确认，建议水行

政主管部门按照党的十八大、十八届三中和四中全会的精神，抓住国家行政审批制度改革和落实最严格水资源管理制度的要求，加快推动修订相关法律法规，落实《中华人民共和国水法》《中华人民共和国防洪法》等法律法规及其配套制度，出台《北京市水土保持条例》，使改革在法治的轨道上顺利推进。开展《北京市水影响评价办法》立法的前期研究和推动工作，为水影响评价体系的运行奠定法律基础。

（2）建立健全水影响评价管理制度。制定《水影响评价技术导则》，规范水影响评价文件的编制内容与深度；制定水影响评价编制单位和从业人员资格管理办法，提高报告质量。

完善项目取水、排水监管制度和奖惩制度；建立项目水土流失监管制度和奖惩制度；建立项目洪水影响措施和监管制度等。建立水影响评价验收制度，作为项目验收的要件之一。

（3）提高公众参与程度。完善公众信息知情权相关规定。不能有效保障公众的信息知情权，就无法保证公众参与的有效性。公众维护其合法权益需要建立在明确掌握相关信息的基础之上。

完善公众参与水影响评价的规定。公众获取信息的目的在于实现有效参与，进而在参与决策的过程中提出建设性的意见和建议。如果说信息知情权是公众参与的前提，那么参与权则是公众参与的核心问题。提倡公众参与决策的制定和实施，一方面有利于化解公众和企业、政府之间的矛盾，减少决策执行过程中遇到的困难；另一方面还能积极发挥公众的智慧，进一步改善决策执行的效果。

（4）完善监督管理制度。目前《北京市水影响评价办法》及其配套制度比较齐全，但是缺少一个全面的水影响评价监督管理制度，导致水影响评价管理机构不能对水影响评价的实施进行全面的监督管理。根据目前实际工作的需要，北京市编制《北京市建设项目水影响评价审查后续监督管理办法》，以规范制度本身的执行。

2. **强化政策协调**

（1）加强宣传力度。加强宣传水影响评价制度在解决人水矛盾、实现经济社会与环境资源可持续发展中的地位和作用，注重水影响评价制度在社会重大决策中所具有的作用。同时加强执法和舆论宣传之间的合作，通过反面教育提高公众对水影响评价制度的认识，推进水影响评价法制建设。

（2）完善相关配套政策。北京市建设项目水影响评价制度是北京市项目审批制度改革的重点，也是改革的“深水区”和“硬骨头”，需要结合项目审批制度改革，需要从建设项目立项、水影响评价文件编制、审查、审批、监管等方面，逐步完善建设项目水影响评价制度，进一步明确水影响评价的操作流程、技术审查、行政审批等，组织建设项目水影响评价管理人员培训班，就水影响评价审批控制要点、编制内容等进行系统学习，严格审查审批。同时积极与相关部门联系，建立沟通协调或联席会议制度，提高水影响评价审查的权威性、高效性和一致性，做好与相关部门的对接工作。

另外，加快推进水务专业综合执法体系建设，统筹考虑建设项目水资源论证、水土保持方案、洪水影响评价的监管并协调一致，加强行业内部日常管理的衔接，尤其要做好水资源总量控制与年度节水计划动态管理间的衔接、日常行业管理与水政执法检查的衔接。

（3）进一步夯实相关工作基础。完善市、区、乡（镇）三级水务规划，特别是水资源开发利用及保护、防洪排涝和水土保持规划，细化明确并逐级分解水资源管理“三条红线”等指标；建立开放的水资源、防洪、水土保持、供水、排水等基础数据和图件共享平台，同时加强与相关部门基础数据资料的共享；细化完善各行业用水定额标准和评价标准，研究制定《水影响评价技术导则》地方标准（或相关技术规范），抓紧建立完善水影响评价技术支撑体系。

（4）建设水影响评价信息管理平台。水影响评价的主体是建设项目，是独立的个体，要实现从单个项目的水影响到北京市的水影响，实现从取水、供水、用水到排水各环节的关联评价，必须依靠信息管理系统来实现，使水影响评价管理实现数字化、精细化、计量化和可视化。

（二）制度执行方面

1. 细化技术要求

（1）加强专业统筹融合和项目分类指导。水影响评价文件主要包括水资源论证报告、水土保持方案、洪水影响评价报告3个部分，须将这些内容有机结合在一个报告中，细化完善分类管理办法（目录），针对不同区域、不同类型项目的特点，突出水影响评价的主要目标取向，明确管理重点和技术要求、不同专业对项目论证评价的侧重点、专业技术规范的衔接方式，加强整体统筹和分类指导，解决目前水影响评价文件中存在的简单“拼盘”的现象。同时要明确区域评价和项目评价间的衔接方式，坚持点面结合的原则，实现区域评价指导、项目评价控制“双保险”。

（2）建立技术保障体系。建立完善的水影响评价体系，必须建立完善的保障系统。一是建立完善的水影响评价监控体系，进一步完善地表水、地下水、管网水、雨污水监控系统，并加快推进与之相适应的监控设施、监控网络、监控机构、监控队伍、监控平台的建设，建立全市河湖水系、水利工程、水土保持、地下水取水井、灌溉工程、供水设施和排水设施等信息的共享平台；二是建立完善的水影响评价控制指标体系，按照实行最严格水资源管理制度的要求，确定水资源管理“三条红线”，将用水总量、用水效率和纳污能力细化分解，每年将“三条红线”控制指标分解到区域和行业，实行区域和行业双考核，充分发挥水资源在城乡规划建设中的约束和引导作用；三是建立完善的水影响评价技术支撑体系，核算全市中小河道的防洪标准，绘制径流系数分区图、允许水土流失模数分区图、洪水风险图、城市防洪标准图和排水分区图等基础图件，逐步建立水影响评价技术支撑体系，为水影响评价工作的可持续发展提供技术保障。

（3）加强编制单位管理。一是考虑国家取消资质认定后的影响，出台北京市地方法规，进一步明确从事水影响评价工作的编制单位的业务能力和从业范围等；二是考虑到编制单位的能力差别，特别是区级有关编制单位能力较弱，而区（县）存在大量简单、取水量较少的项目，建议在业务范围划定上细化水影响评价制表的工作范围，便于水资源管理；三是探索建立编制单位诚信记录制度体系，分类划分现有编制单位的能力级别、联合编制的相关要求，对于无编制能力或存在违规行为的编制单位建立黑名单制度；四是制定编制单位奖惩措施。

（4）加强评审专家管理。一是市级评审专家数量不足，需要进一步增加评审专家数量；二是需要强化评审专家的日常考评机制，建立评审专家淘汰制度，使评审专家能进能出；三是继续加强水影响评价制度评审专家专业知识的学习，使其全面掌握论证制度的精髓，努力提高自身的素质和评审水平；四是在水影响评价文件评审中，需要进一步明确从专家库中抽取专家的原则、方式和方法，特别要明确水影响评价文件侧重点不一样时对专家组组成的要求。

（5）加强从业人员管理。一是针对目前从业人员培训少而制约报告质量提高的问题，建立定期培训制度，逐步增加从业人员数量，提高从业质量；二是从业人员取得上岗培训证书后，随着时间的推移，许多政策和技术发生变化，从业人员需要进一步培训，以更新水影响评价知识，因此建议建立动态交流机制，适时组织从业人员培训交流，更新相关知识；三是严格从业人员上岗资格制度，提高上岗资格证含金量，同时加强从业人员管理并采取年审制度，逐步向国家注册制度过渡。

（6）加强报告审查管理。水影响评价文件审查中存在以下现象：一是有的地方水行政主管部门由于行政干预等原因，审查审批管理不到位，存在突击审查审批现象；二是部分水行政主管部门人员培训不足，对水资源管理的相关法律法规和政策了解不够，在水影响评价管理上出现了偏差；三是部分水行政主管部门存在越级审查和审查把关不严等现象；四是报告书、报告表的分类界限不明确。《北京市建设项目水影响评价编报审批管理规定（试行）》分别明确了水影响评价文件中水资源论证（评价）、水土保持方案、洪水影响评价三部分的报告书和报告表的界限，但是在实际操作过程中，存在报告书和报告表混搭的现象，与分级审查、审批的管理要求不相匹配。因此，建议进一步细化水影响评价报告书、报告表的界限和审查的技术要点。

2. 加强监督管理

（1）完善跟踪管理和后评估制度。水影响评价审批制度中的水影响评价文件审批处于项目前期工作中，确保了水资源的节约使用和优化配置，因此在项目后期办理取水许可审批过程中，可以检查业主单位对水影响评价文件中提出的节水措施和水资源保护措施的落实情况。而未办理取水许可的项目，无法对建设项目进行追踪管理和后续监督，容易造成报告审批流于形式。另外，已经审批水影响评价文件并已运行多年的建设项目，缺乏针对其水资源开发利用情况的后评估制度，尤其是未办理取水许可的项目更无法了解其水资源开发利用和保护的具体情况，因此要建立水影响评价后评估制度。

后评估制度重点对生产期间的用水总量、用水效率、排水（污）情况、水土保持、洪水影响设施及其对第三方的影响，以及项目建设对区域水资源、水环境的影响等进行评估，对不严格遵守当初设计取用水、排水、水土保持、洪水影响措施的建设单位，予以处罚。

（2）明确监督考核措施。监督考核措施主要包括以下 3 个方面。

1）对编制单位的监督管理。水影响评价工作是一项专业性和政策性较强的技术工作，开展水影响评价工作必须具备一定的专业能力和条件。水影响评价需要进一步强化对评价文件编制单位的监督考核管理，规范水影响评价从业行为，提高水影响评价工作水平。水影响评价监督管理立法还需要进一步明确对编制单位监督管理的方式、内容、措施等，明确编制单位在评价文件修改、备案、后评估中的责任和义务。

2）对从业人员的监督管理。为提高水影响评价工作水平，建立一支技术精湛的水影响评价工作队伍，水影响评价从业人员必须具备相应的职业资格，水影响评价资质单位必须具备一定数量拥有水影响评价职业资格的人员。根据《北京市建设项目水影响评价编报审批管理规定（试行）》的配套制度要求，需要加强对从业人员的监督管理，并制定相应的水影响评价职业资格认定和管理措施，这样不仅可以保证水影响评价资质单位的水平，而且有利于促进水影响评价工作的可持续发展。

3）对评审专家的监督管理。水影响评价文件评审专家是决定水影响评价文件能否通过审查的关键因素，评审专家的水平和专业知识是严把水影响评价审查关口的首要条件。但是目前，针对评审专家年度总结等相关规定，其法律效力不够，需要进一步规范评审专家的年度总结制度，评审专家应当如实填写年度总结表，并及时上报。

（3）强化法律责任。为保证水影响评价制度的规范、高效，需要明确界定资质单位、审查单位、审批机构、项目立项机构、执法机构、项目业主单位以及审查专家、从业人员的权利、义务和法律责任，以保障水影响评价制度的有效实施。

六、水影响评价制度执行效果分析

（一）审批项目总体情况

截至 2017 年年底，北京市水影响评价行政审批项目共 2619 件，其中 2014 年建设项目水影响评价（以下简称“水评”）122 件，规划水评（市级）6 件；2015 年建设项目水评 448 件，规划水评（市级）102 件；2016 年建设项目水评 791 件，规划水评（市级）94 件；2017 年建设项目水评 961 件，规划水评（市级）95 件。2017 年北京市、区两级建设项目审批情况见表 3-5。

表 3-5　2017 年北京市、区两级建设项目审批情况

区域		审批数量 / 件
市级		295
区级	东城区	23
	西城区	0
	朝阳区	21
	海淀区	83
	丰台区	31
	石景山区	8
	门头沟区	48
	房山区	68
	通州区	74
	顺义区	55

续表

区域		审批数量 / 件
区级	昌平区	27
	大兴区	108
	怀柔区	19
	平谷区	16
	密云区	41
	延庆区	42
	亦庄（北京经济技术开发区）	2
合计		961

注：数据来源于《2017 年度北京市水影响评价审查年报》。

（二）审批项目分类情况

北京市水评审批项目分类情况分析：2017 年全市建设项目水评 961 件，其中房屋建设类水评审批数量占水评审批项目总数的 9.53%；交通及其附属设施类水评审批数量占水评审批项目总数的 31.51%；公共服务类（不含水厂取水及保密项目）水评审批数量占水评审批项目总数的 23.84%；农林及生态环境类水评审批数量占水评审批项目总数的 35.12%。2017 年北京市各类建设项目水评审批数量占比如图 3–5 所示。

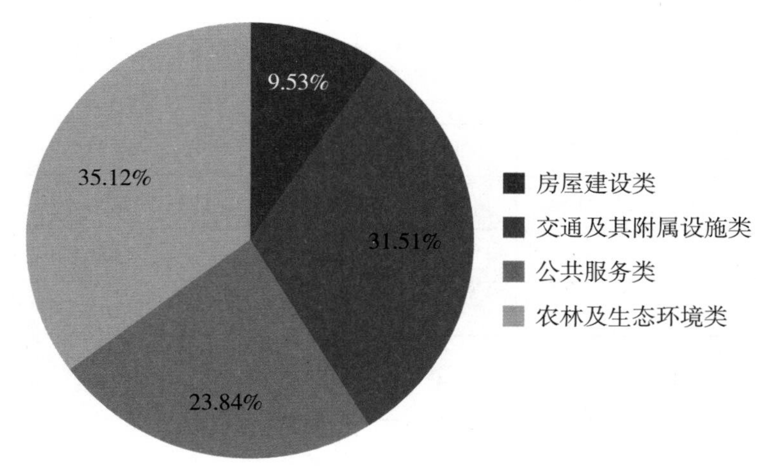

图 3–5　2017 年北京市各类建设项目水评审批数量占比

（三）审批项目用水量分类情况

北京市审批项目用水量分类情况分析：2017 年全市水评审批建设项目年总用水量（不含水厂取水及保密项目）为 14409.34 万 m^3，其中自来水年用水总量为 1932.41 万 m^3，地表水年用水总量为 911.76 万 m^3，地下水年用水总量为 3522.03 万 m^3，再生水年用水总量为 8043.14 万 m^3。市级水评审批建设项目年总用水量（不含水厂取水及保密项目）为 6451.34 万 m^3，其中自来水年用水总量为 1614.99 万 m^3，地下水年用水总量为 3453.12 万 m^3，地表水年用水总量为 470.26 万 m^3，再生水年用水总量为 912.97 万 m^3。2017 年北京市建设项目水评行政审批用水情况见表 3-6。

表 3-6　2017 年北京市建设项目水评行政审批用水情况　　单位：万 m^3

序号	区域	用水类别				
		自来水	地下水	地表水	再生水	总水量
1	东城区	3.04	0	0	2.78	5.82
2	西城区	0	0	0	0	0
3	朝阳区	292.71	0	0	157.42	450.13
4	海淀区	229.41	0.08	45.55	89.43	364.47
5	丰台区	61.22	0	0	66.9	112.07
6	石景山区	9.23	0	0	4.89	14.12
7	门头沟区	61.22	0	0	50.85	82.07
8	房山区	303.77	3.42	0	72.58	379.77
9	通州区	78.99	0.64	371.71	38.66	490.00
10	顺义区	85.99	2959.30	0	55.14	3100.43
11	昌平区	25.09	0	0	11.92	37.01
12	大兴区	207.50	0	0	86.63	294.13
13	平谷区	18.15	4.50	0	6.92	29.57
14	怀柔区	9.31	8.68	0	11.14	29.13
15	密云区	37.83	196.12	9.30	8.58	251.83
16	延庆区	44.90	280.38	43.70	205.12	574.10
17	亦庄（北京经济技术开发区）	0.08	0	0	0	0.08
18	跨区	42.79	0	0	44.01	86.80
合计		1614.99	3453.12	470.26	912.97	6451.34

注：数据来源于《2017 年度北京市水影响评价审查年报》。

2017 年，北京市房屋建设类水评审批用水量占水评审批用水总量的 4.75%，交通及其附属设施类水评审批用水量占水评审批用水总量的 2.16%，公共服务类（不含水厂取水、机井更新及保密项目）水评审批用水量占水评审批用水总量的 7.97%，农林及生态环境类水评审批用水量占水评审批用水总量的 85.12%。2017 年北京市建设项目水评审批用水量占比如图 3-6 所示。

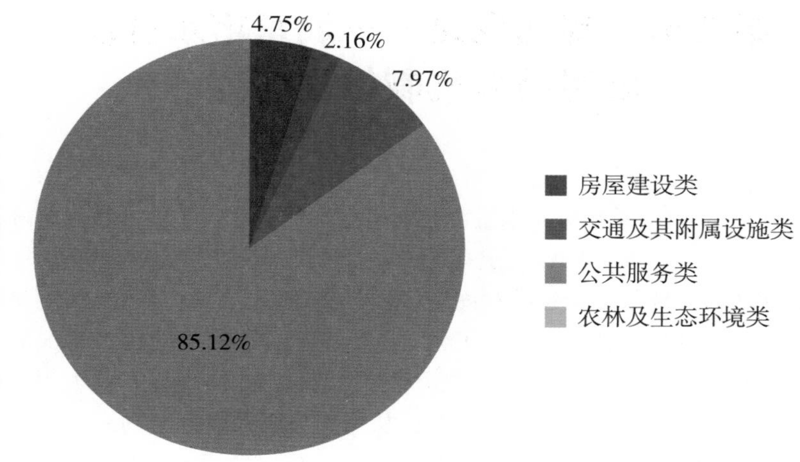

图 3-6　2017 年北京市建设项目水评审批用水量占比

2014—2017 年，北京市建设项目水评审批数量及市级建设项目水评审批数量逐年增长，规划水评（市级）项目数量基本稳定。2014—2017 年北京市建设项目水评审批情况如图 3-7 所示。

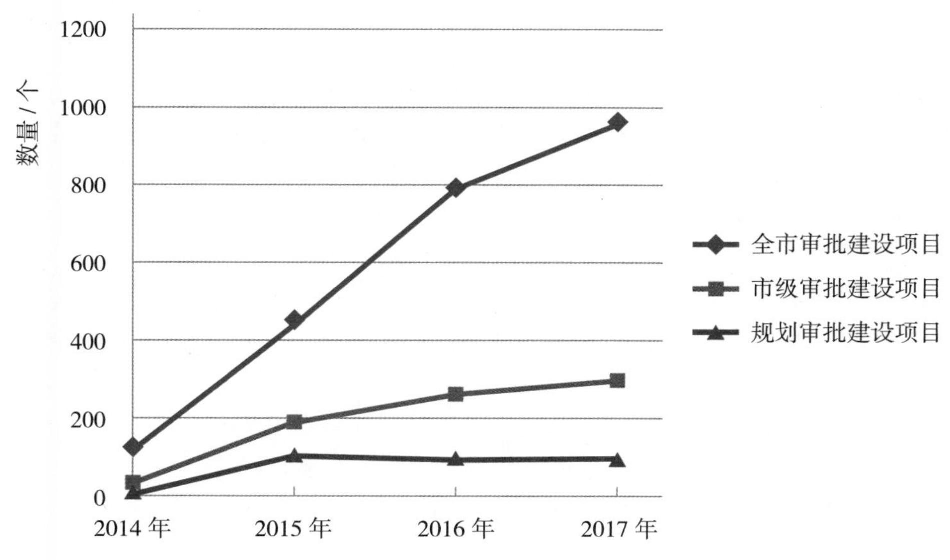

图 3-7　2014—2017 年北京市建设项目水评审批情况

2014—2017 年，北京市共核减取水量 2085 万 m^3，核减排水量 1561.5 万 m^3，新增雨水调蓄池容积超过 20 万 m^3，新增透水铺装超过 250 万 m^2，新增下凹式绿地超过 360 万 m^2，综合利用土石方超过 30400 万 m^3。

第三节 专题探讨——北京市水资源配置博弈机制模型研究

北京市共有 16 个区，每年可用水资源总量是有限的，在每年的水量分配过程中，北京市政府不仅要考虑各区基本用水量，还要考虑尽可能地满足各区未来经济发展的需求。各区政府对所管辖的区域承担着建设和发展区域经济的任务，就辖区经济发展进行规划提出新的用水需求。但是，各区政府为了各自的地区利益，提出的用水需求量的总和会超出北京市可分配的总水量。如何将有限的资源合理分配给 16 个区，最大程度地满足各区用水量，使各区政府都能对分配方案满意，从而充分调动各区节约用水的积极性，并促使各区政府在用水需求量方面讲实话，脚踏实地地完成发展规划，形成良性循环？对此，北京市政府需要从总体发展的角度考虑，既要提倡节约用水又要考虑总体经济发展和产业结构的合理调整，并给出一个公平合理的分配方案。这正是建立北京市水资源总量配置博弈机制模型的目的。下面详细讲述水资源配置博弈机制模型的构建思路。

一、模型构建思路

水资源短缺会直接影响到经济的发展和人民的生活质量。随着北京市经济的快速发展和人口的快速增长，用水需求量也在快速增长，这就迫使各区政府在水资源分配上跟北京市政府讨价还价，以争取更多的用水量。如何解决这一供需矛盾，并给出一个公平合理的分配方案？在模型建立之前，首先需要将水资源分配机制相关问题的逻辑关系搞清楚。

（1）北京市水资源短缺是问题的焦点。在水资源配置博弈机制模型中，需要把节水机制考虑在内。我们假定可分配总水量为已知，并设为 Q，将有限的水资源总量作为约束条件。

（2）各区历年用水量数据，是未来年度水分配的主要参考依据。利用历年用水量数据和“十二五”规划相关数据（如对人口总量的限制、耕地面积的保证等），对下一年的供水量进行预测，预测值 P_i 作为分配水量的参考是合理的。北京市政府对各区政府给出的最低用水需求量用 D_i 表示。

（3）各区用水量与人口规模、经济发展有着密切的关系，各区政府对所管辖的区域情况要比北京市政府更加了解。考虑到各区政府承担着建设和发展区域经济的任务，北京市政府需要给予各区政府一定的支持，也就是说，需要给各区政府一个讨价还价的空间，允许各区政府对用水量提出一个自报数（记为 S_i）。

（4）由于水资源总量的限制，必须对节水的区给予奖励，奖励系数记为 α，对用水过量且浪费水的区给予一定的惩罚，惩罚系数记为 β。同时，为防各区政府上报自报数时漫天要价，必须加入一定的约束机制，即允许各区政府有讨价还价的空间，但又不会过多地占用水资源数量而影响其他地区的发展，因此在水资源分配机制模型中须使各区政府在用水需求量方面讲实话。对虚报的区应给予一定的惩罚，虚报惩罚系数记为 δ。

（5）各区实际用水量（记为 Y_i）作为各区的决策变量，它是由各区经济发展、产业结构、人口规模和节水措施等因素决定的，同时又存在一些不确定因素的影响（如未来年度的降水量、发展规划实施的效果等），很难准确地给出用水量自报数。因此，衡量各区政府自报需求量 S_i 与实际用水量 Y_i 时应给出一定的允许误差（记为 γ）。

（6）北京市政府既要兼顾各区的经济发展需求，又要从总体发展的角度考虑，在有限的水资源条件下，在满足北京市总体发展规划的前提下，必然对一些区有所侧重。因此在水资源配置博弈机制模型中，必须给北京市政府一个合理的选择空间，以便于宏观调控。

如何实现模型构建，并给出一个公平合理的分配方案？事实上各区政府都会按照个体理性的原则行事，为了各自的地区利益，提出的自报数总量会超出供水总量，即超出预算约束。因此需要考虑如何选择分配方式或设计一个什么样的配置博弈机制，在有限的水资源条件下，既能够兼顾各区的经济利益，又能够使分配方案切实可行。

二、模型基本约束规则构建

通过上述讨论，我们可以设计一个具有节水激励机制、浪费惩罚机制以及让各区政府讲实话的配置博弈机制模型。

在水资源分配过程中，北京市政府可以与各区政府就供水量分配问题达成分配协议，即北京市政府与各区政府建立分配供水量基数合同，确定分配供水量基数的过程，这是北京市政府的一种对策。首先给予各区政府有关分配供水量基数的发言权，同时对各区政府虚报分配供水量基数的行为进行制约，然后利用利益导向机制引导各区政府报出真实合理的用水量。该对策有以下 4 条规则。

规则 1：北京市政府与各区政府（i）共同确定分配供水量基数，最终合同分配供水量基数 C_i 由市政府和区政府共同决定。市政府依据 i 区的情况给出基本需求量 D_i，i 区区政府给出自报数 S_i，将其进行加权平均为 $C_i = \lambda_i D_i + (1-\lambda_i) S_i$，其中 λ_i 为宏观调控系数。为了方便，可以设定为$C_i = \dfrac{D_i + S_i}{2}$。

规则 2：由于各区政府不能保证信息完全准确，尤其对用水量（自然、地理等特殊因素造成）估计不准确，因此在做水资源分配决算时应容许各区政府有一个可调整的误差范围（其中$r_i = Y_i - \dfrac{D_i + S_i}{2}$ 为容许误差）。

规则 3：年终时，各区实际用水量为 Y_i，若 Y_i 超过合同分配用水量基数 C_i（即 $Y_i > C_i + \gamma_i$），就超过的部分 $Y_i - (C_i + \gamma_i)$，北京市政府可对区政府 i 进行罚款。罚款数额

为 β（$Y_i-C_i-r_i$）（相当于水的价格提高，需要从节水区进行调整）；若 $Y_i < C_i-\gamma_i$，则北京市政府可对区政府 i 进行节水奖励，奖励数额为 α（$C_i-Y_i-\gamma_i$）。α 和 β 分别为奖励系数和惩罚系数。

规则 4：年终时，若 Y_i 没有超过区政府自报数 S_i（即 $Y_i < S_i-\gamma_i$），则对该区政府收取“虚报罚金”（因为 S_i 较大，加权平均后合同分配用水量基数 $C_i=\frac{D_i+S_i}{2}$ 也较大，占用其他区的用水量）。虚报罚金数额为 δ（$S_i-Y_i-r_i$），这里称之为虚报罚金系数。

由此可以验证，如果北京市政府采取上述 4 条规则，那么北京市政府在确定基本用水需求量 D_i 时，只需提出基本用水量即可，各区政府则会根据自身的实际情况报出真实合理的用水需求量。

假设北京市水资源总量为 Q，最低用水量为 Q_0；D_i 为北京市政府根据各区政府提出的基本用水量，应至少满足 $Q_0 \leqslant \sum_{i=1}^{n} D_i$；同时，$\sum_{i=1}^{n} C_i \leqslant Q$，即各区分配水量之和不能超过水资源总量。下面以一组数值为例，看看这样一种博弈机制的设计如何使各区政府自愿报出真实合理的用水需求量。

为了使结论更直观地表现出来，我们给出北京市水资源分配用水量合同基数确定表（表 3-7）。

表 3-7　北京市水资源分配用水量合同基数确定表

项目	基数						
各区政府（i）自报数 S_i/m³	50.00	60.00	70.00	80.00	90.00	100.00	110.00
北京市政府要求数 D_i/m³	70.00	70.00	70.00	70.00	70.00	70.00	70.00
分配用水量合同数 C_i/m³	60.00	65.00	70.00	75.00	80.00	85.00	90.00
各区政府（i）实际用水量 Y_i/m³	80.00	80.00	80.00	80.00	80.00	80.00	80.00
浪费罚款数额［0.6（Y_i-C_i-5）］/ 元	9.00	6.00	3.00	0	0	0	0
节水奖励数额［0.8（C_i-Y_i-5）］/ 元	0	0	0	0	0	0	4.00
虚报罚金［0.7（S_i-Y_i-5）］/ 元	0	0	0	0	3.50	10.50	17.50
各区罚金总额（浪费罚款数额＋虚报罚金）/ 元	9.00	6.00	3.00	0	3.50	10.50	17.50
各区额外总额（节水奖励数额－罚金总额）/ 元	-9.00	-6.00	-3.00	0	-3.50	-10.50	-13.50

根据表 3-7，分析结果如下。

（1）当各区政府的自报数少于实际用水量时。从表 3-7 可以看出，当各区政府自报数为 50.00m³ 时，北京市政府计划分配给各区政府的用水量为 70.00m³，则计算的合同数为 60.00m³；各区实际用水量为 80.00m³ 时，各区政府少报了 30.00m³，由于自报数被压低到 50.00m³，因此合同数也被压低到 60.00m³，并且自报数低于合同数 10.00m³。由于各区政府自报数少于实际用水量，故可得奖励为 0 万元（没有虚报罚金），但是额外多付了 9.00 万元，即多用水而导致浪费罚款数额为 0.6（Y_i-C_i-5）= 9.00 万元。

（2）当各区政府自报数等于实际用水量时。从表 3-7 可以看出，当各区政府自报数为 80.00m^3 时，北京市政府计划分配给各区政府 i 的用水量为 70.00m^3，则计算的合同数为 75.00m^3；各区政府真实上报，各区政府自报数超过合同数 5.00m^3；各区实际用水量 80.00m^3，超出合同分配的用水量 5.00m^3，去掉 5.00m^3 的容许误差，故多用水而导致浪费罚款数额为 0.6（Y_i-C_i-5）= 0 元，奖励数额为 0.8（C_i-Y_i+5）= 0 元。由于各区政府自报数与实际用水量一致，因此虚报罚金为 0.7（S_i-Y_i-5）= 0 元，这样各区政府由于讲实话没有扣除多用的 5.00m^3 水的罚款，相当于额外获得 3.50 万元的奖金。

（3）当各区政府的自报数大于实际用水量时。从表 3-7 可以看出，当各区政府自报数为 110.00m^3 时，北京市政府计划分配给各区政府的用水量为 70.00m^3，则计算的合同数为 90.00m^3；各区政府用水量为 80.00m^3，各区政府多报了 30.00m^3，由于自报数被抬高到 110.00m^3，因此合同数也被抬高到 90.00m^3，并且自报数高于合同数 20.00m^3。由于各区实际用水量为 80.00m^3，低于合同数的 90.00m^3，故可得节水奖励为 0.8（Y_i-C_i-5）= 4.00 万元。由于各区政府的自报数超过各区实际用水量，因此虚报罚金为 0.7（S_i-Y_i-5）= 17.50 万元，这样各区政府虽然多报用水量，抬高了合同数，但额外多付了 17.50 万元的罚款。

综上所述，通过设定科学的奖惩机制，建立让各区政府讲实话的水资源配置博弈机制是可行的。下面我们依据上述给出的规则，建立“一主多从”的双重规划水资源配置博弈机制模型。

三、线性奖惩函数的设定与原理

根据上述假设和分析，奖惩系数 α、β、δ 的设定是否合理，意味着奖惩力度是否有效。这些参数的大小显示出北京市政府对水资源分配和生态环境保护政策力度的大小，也表示了北京市政府的决心。

首先分别给出节约用水、超量用水量和虚报 3 个线性奖惩函数的示意图（图 3-8），简单说明模型构建思想。

图 3-8 中，α 是奖励线性函数的斜率，斜率 α 的大小决定节水奖励力度的大小；斜率 β 的大小决定过量用水的惩罚力度的大小；δ 是虚报的罚金线性函数的斜率。α、β、δ 的值越大，奖励和惩罚就越大。它们的数学表达式为［式（3-1）和式（3-2）］

虚报罚金

$$I_1=\begin{cases}\delta\left[S_i-(Y_i+r_i)\right] & 当\ (S_i-Y_i)>r_i\\ 0 & 当\ (S_i-Y_i)\leqslant r_i\end{cases}\tag{3-1}$$

奖励惩罚金额

$$I_2=\begin{cases}\alpha(C_i-r_i-Y_i) & 当\ Y_i<C_i-r_i & （节水奖励）\\ 0 & 当\ C_i-r_i<Y_i<C_i+r_i & （不奖励不惩罚）\\ \beta(Y_i-r_i-C_i) & 当\ Y_i>C_i+r_i & （超量用水惩罚）\end{cases}\tag{3-2}$$

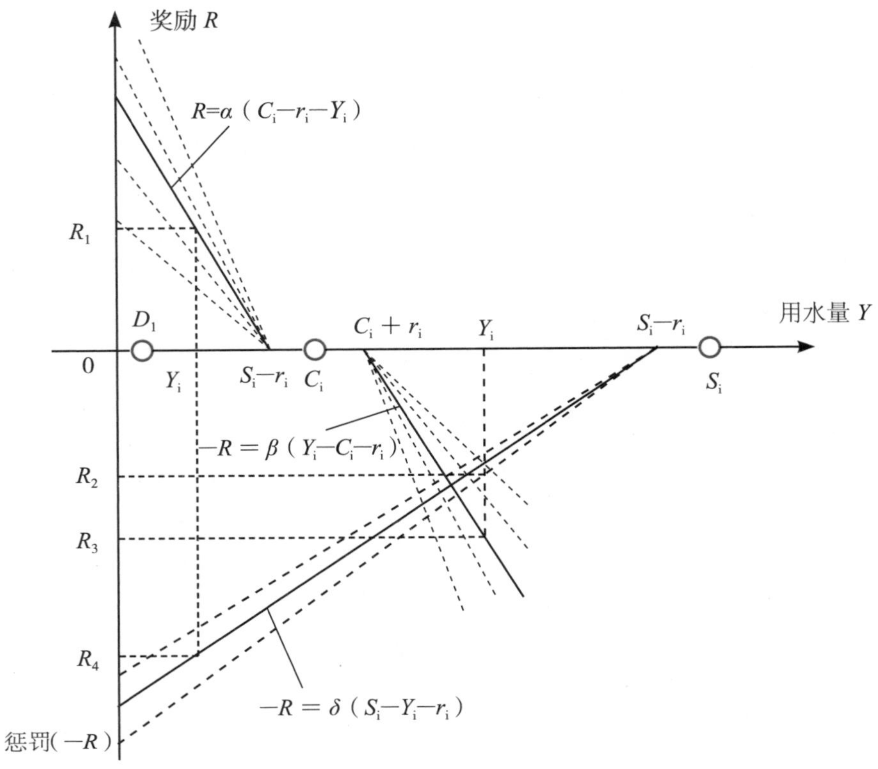

图 3-8　用水量的线性奖惩函数示意图

当然，用水量也可以考虑非线性奖惩函数 $f(Y_i)$，当 $Y_i \in (C_i, D_i)$ 时，$f(Y_i) > 0$；当 $Y_i > D_i$ 时，$f(Y_i) < 0$。函数 $f(Y_i)$ 也可以是分段函数等，要根据宏观的调控政策和调控力度来决定。在本章中，我们仅采用线性奖惩函数来建立模型。

四、水资源配置博弈机制模型的建立

在本小节中，假设北京市政府为上层决策人，n 个区政府为多个下层决策人，上层决策人有一个目标函数，下层决策人各自有一个目标函数，且下层决策人之间是相互关联的。上下层决策人之间采取正向主从策略，上层为主方，下层为从方，下层之间采用非合作的纳什均衡策略。下面我们假设北京市水资源的总量 Q 为已知，在此基础上建立北京市政府与各区政府水资源分配的关联规划模型。

1. 水资源配置博弈机制模型的建立

北京市政府决策层从全市考虑，在资源有限的条件下制定一个分配方案，将有限的水资源总量 Q 分配给各区政府，这样北京市政府的决策变量为（x_1，x_2，…，x_n），其中 x_i（$i = 1, 2, \cdots, n$）为第 i 个区政府得到的水资源量，并设为 C_i（$i = 1, 2, \cdots, n$）是上述合同分配水量。其中 $C_i = \lambda_i D_i + (1-\lambda_i) S_i$ 中的 λ_i 为政策倾斜系数，这需要北京市政府依据长远规划来设定。

作为目标函数，北京市政府须将有限的水分配给各区，使各区基本满意。根据上述分析可以发现，按照前文规定的合同基数（C_1，C_2，⋯，C_n）不一定在预算约束超平面上，它有 3 种可能。

（1）$\sum_{i=1}^{n} C_i < Q$，即（C_1，C_2，⋯，C_n）在预算约束面内。

（2）$\sum_{i=1}^{n} C_i = Q$，即（C_1，C_2，⋯，C_n）恰好在预算约束面上。

（3）$\sum_{i=1}^{n} C_i > Q$，即（C_1，C_2，⋯，C_n）在预算约束面外。

为了均衡各区用水量，并尽量满足各区的要求，使最终的水分配量 x_i 尽量与 C_i 靠近，故给出以下模型［式（3–3）和式（3–4）］。

$$\min_{\alpha,\ \beta,\ \delta,\ C_i} \sum_{i=1}^{n} (x_i - C_i)^2 \tag{3-3}$$

$$s.t.\ \begin{cases} \sum_{i=1}^{n} x_i = Q \\ D_i > 0 \\ D_i \leqslant C_i \leqslant S_i \\ \alpha > 0,\ \beta > 0,\ \delta > 0 \\ S_i < Q \\ i = 1,\ 2,\ \cdots,\ n \end{cases} \tag{3-4}$$

上述模型的解（x_1，x_2，⋯，x_n）就是分配方案，即式［（3–5）］

$$x_1 = \frac{1}{n}(Q - \sum_{i=1}^{n} C_i) + C_1,\ x_2 = \frac{1}{n}(Q - \sum_{i=1}^{n} C_i) + C_2],\ \cdots,\ x_n = \frac{1}{n}(Q - \sum_{i=1}^{n} C_i) + C_n \tag{3-5}$$

公式直观解释如下。

（1）如果（C_1，C_2，⋯，C_n）在预算约束面上，（C_1，C_2，⋯，C_n）就为最优解。

（2）如果（C_1，C_2，⋯，C_n）在预算约束面内，那么以（C_1，C_2，⋯，C_n）为圆心的等值面与预算约束面的作为切面的焦点就是最优分配方案。这种情况下实际分配值（x_1，x_2，⋯，x_n）大于合同分配量（C_1，C_2，⋯，C_n）。

（3）如果（C_1，C_2，⋯，C_n）在预算约束面外，那么以（C_1，C_2，⋯，C_n）为圆心的等值面与预算约束面的作为切面的焦点就是最优分配方案。这种情况下实际分配值（x_1，x_2，⋯，x_n）小于合同分配量（C_1，C_2，⋯，C_n）。

2. 两个地区水分配博弈机制模型的建立和求解

为了更加直观地表示两个地区的情况，给出以下模型［式（3–6）和式（3–7）］。两个地区的分水可行域如图 3–9 所示。

$$\min_{\alpha,\ \beta,\ \delta,\ C_i} \sum_{i=1}^{2}（x_i - C_i）^2 \tag{3-6}$$

$$s.t.\begin{cases} \sum_{i=1}^{2} x_i = Q \\ D_i > 0 \\ D_i \leqslant C_i \leqslant S_i \\ \alpha > 0,\ \beta > 0,\ \delta > 0 \\ S_i < Q \\ i = 1, 2 \end{cases} \tag{3-7}$$

上述模型的解（x_1，x_2）就是分配方案，即［式（3-8）］

$$x_1 = \frac{1}{2}（Q - \sum_{i=1}^{2} C_i）+ C_1，x_2 = \frac{1}{3}（Q - \sum_{i=1}^{2} C_i）+ C_2 \tag{3-8}$$

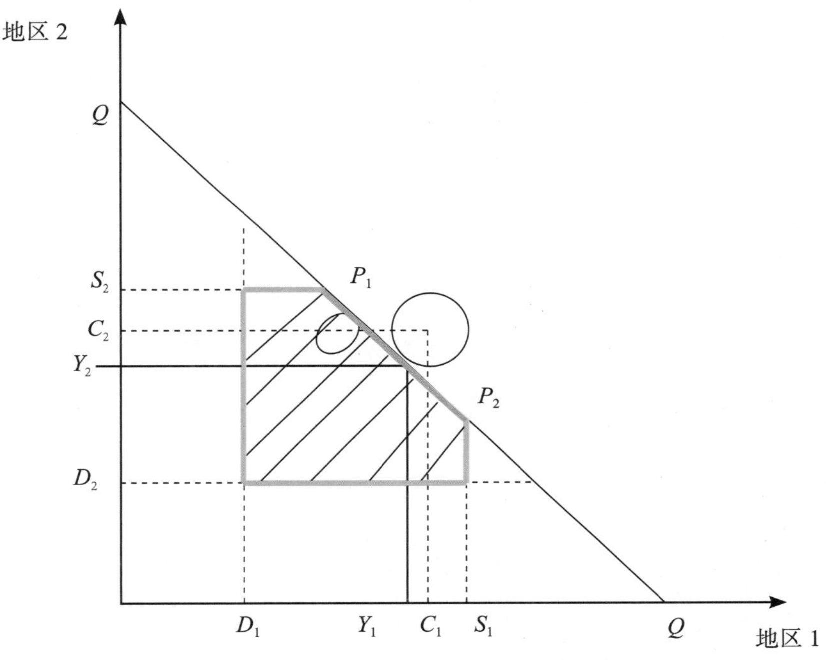

图 3-9　两个地区的分水可行域

几何直观解释如下。

（1）如果（C_1，C_2）在预算约束面上，（C_1，C_2）就为最优解。

（2）如果（C_1，C_2）在预算约束面内，那么以（C_1，C_2）为圆心的等值线与预算约束线的焦点就是最优分配方案。这种情况下实际分配值（x_1，x_2）大于合同分配量（C_1，C_2）。

（3） 如果（C_1，C_2）在预算约束面外，那么以（C_1，C_2）为圆心的等值线与预算约束线的焦点就是最优分配方案。这种情况下实际分配值（x_1，x_2）小于合同分配量（C_1，C_2）。

3. 3个地区水资源配置机制模型的建立及求解

用上述类似的方法，可以给出3个地区的配置博弈模型［式（3-9）和式（3-10）］。

$$\min_{\alpha,\beta,\delta,C_i}\sum_{i=1}^{3}(x_i-C_i)^2 \tag{3-9}$$

$$s.t.\begin{cases}\sum_{i=1}^{3}x_i=Q\\ D_i>0\\ D_i\leqslant C_i\leqslant S_i\\ \alpha>0,\ \beta>0,\ \delta>0\\ S_i<Q\\ i=1,\ 2,\ 3\end{cases} \tag{3-10}$$

此时可行区间是一个三维的凸可行域，该三维凸可行域上的P_1、P_2、P_3三点组成的三角形平面区域，就是满足总量预算约束面的可行分配区域，满足预算约束的解就是最优分配方案。3个地区的分水可行域如图3-10所示，3个地区的直观解释如下。

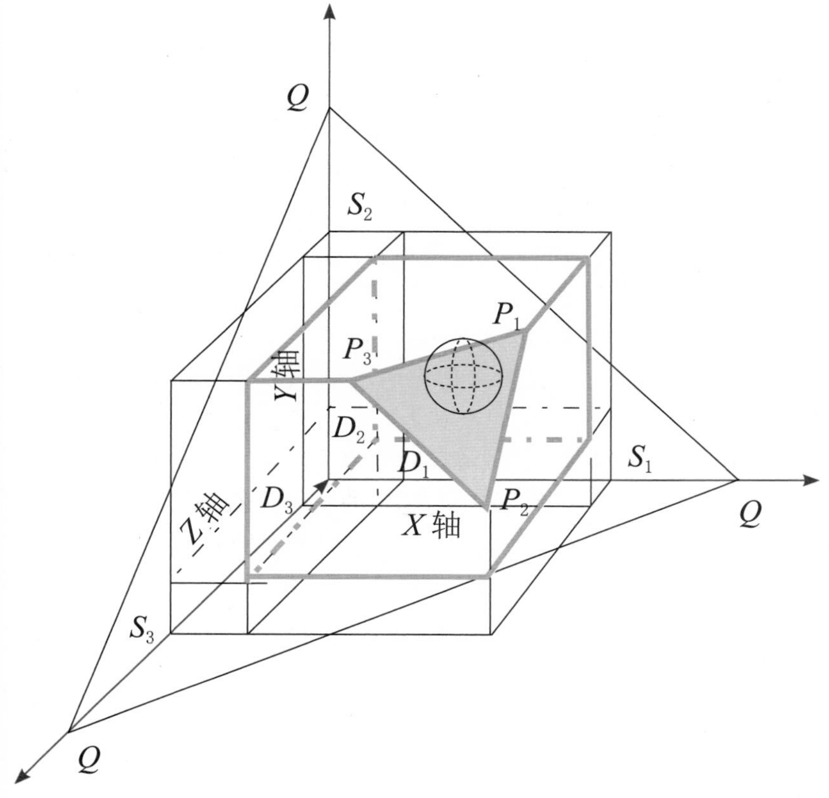

图3-10　3个地区的分水可行域

（1）如果（C_1，C_2，C_3）在预算约束面上，（x_1，x_2，x_3）等于（C_1，C_2，C_3）为最优解。

（2）如果（C_1，C_2，C_3）在预算约束面内，那么以（C_1，C_2，C_3）为球心的等值球面与预算约束面的切点就是最优分配方案。这种情况下实际分配值（x_1，x_2，x_3）大于合同分配量（C_1，C_2，C_3）。

（3）如果（C_1，C_2，C_3）在预算约束面外，那么以（C_1，C_2，C_3）为球心的等值球面与预算约束面的外切点就是最优分配方案。这种情况下实际分配值（x_1，x_2，x_3）小于合同分配量（C_1，C_2，C_3）。

3 个地区分水可行域就是在 P_1、P_2、P_3 三点围成的三角形区域内求最优分配方案，即［式（3–11）］

$$x_1=\frac{1}{3}\left(Q-\sum_{i=1}^{3}C_i\right)+C_1,\ x_2=\frac{1}{3}\left(Q-\sum_{i=1}^{3}C_i\right)+C_2,\ x_3=\frac{1}{3}\left(Q-\sum_{i=1}^{3}C_i\right)+C_3 \quad (3\text{–}11)$$

五、各区用水量选择模型的建立

各区政府根据北京市政府给出的分配量 x_i（$i=1, 2, \cdots, n$），并将上述 4 条规则考虑在内，建立用水量选择模型。奖惩系数与前面假设一致，在分配水量后不再以合同水量 C_i 为标准，而以分配量 x_i 为标准，这时 x_i 已经为已知数。当 $Y_i > x_i$ 时，也就是各区实际用水量超过分配量时，应考虑有一个约束机制，以避免浪费，设 β 为约束系数；当 $Y_i < x_i$ 时，也就是各区实际用水量低于分配水量时，应考虑有一个奖励机制，调动各区节约用水的积极性，设 α 为奖励系数。这样做的目的在于调动各区节约用水的积极性，对各区的经济发展和建设给予支持，同时避免各区为争夺水资源而恶性地讨价还价，虚报用水量。当 $Y_i < S_i-x_i$ 时，说明地区自报数过高，会使 C_i 变大，也使 x_i 相应变大，因此应考虑扣除虚报罚金，设 δ 为虚报罚金系数。

除了上述考虑外，各区政府还要考虑多用水（$Y_i-x_i>0$）能有多大的经济效益，为方便求解，又不失去经济含义，假设其为一个线性的函数 $R=k(x_i-Y_i)$。同时，如果需要节水设施投入，假设节水的成本函数也为线性的，这样成本函数为 $R=h(Y_i-x_i)$。因此各区政府在决定用水量、奖励与惩罚的同时，还会考虑多用水的效益和节水的成本，以追求效益最大化，这样便构建了各区用水量的选择模型，即［式（3–12）和式（3–13）］

$$\max f(Y_i)=\max\{\max f_1(Y_i),\ \max f_2(Y_i)\} \quad (3\text{-}12)$$

$$f(Y_i)=\begin{cases} f_1(Y_i)=\alpha(x_i-Y_i)-\delta(S_i-Y_i-r_i)-h(x_i-Y_i) & D_i\leqslant Y_i\leqslant x_i \\ f_2(Y_i)=k(Y_i-x_i)-\beta(Y_i-x_i)-\delta(S_i-Y_i-r_i) & x_i<Y_i<S_i-r_i \\ i=1, 2, \cdots, n & \end{cases} \quad (3\text{–}13)$$

其中，$f(Y_i)$ 为各区的效用函数，$f_i(Y_i)$（$i=1, 2$）为用水不同区间上的效用函数。

对于北京市政府来说，虽然水已经分配了，但是仍然希望各区政府能够节约用水，因此需要通过奖罚机制对用水量进行限制和引导，使各区政府在未来年度的水分配过程中尽可能地节约用水，又能对未来年度的需求量有一个较准确的计划。这就需要研究奖惩系数以及节水成本和用水效用的设定和估计问题，即确定 α、β、δ、h、k 这些系数的关系与数量。将 C_i 变为 x_i，并加入成本函数与效用函数 2 条直线，节水成本、过量用水效用的奖罚分段示意图如图 3-11 所示。

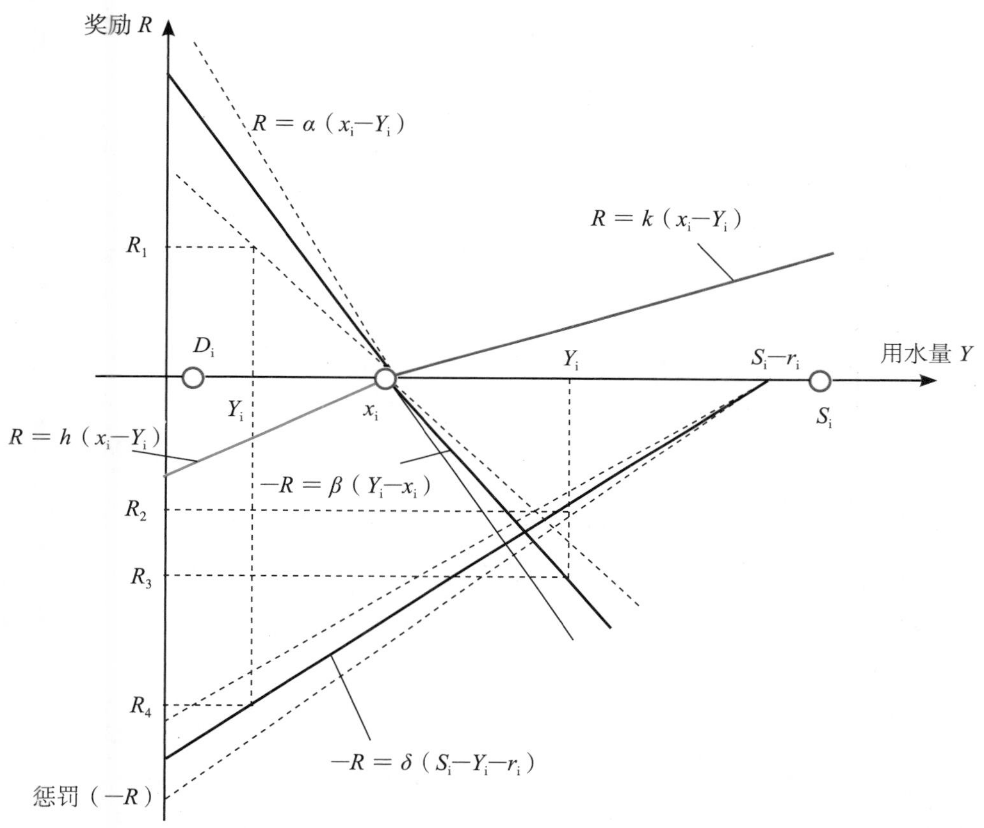

图 3-11 节水成本、过量用水效用的奖罚分段示意图

六、各区用水量选择模型求解

如何确定 α、β、δ，使得各区政府愿意选择节水区间？这就需要满足以下条件：节水区间效用函数的最大值要大于用水过量区间效用函数的最大值，即［式（3-14）］

$$\max f_1(Y_i) > \max f_2(Y_i) \tag{3-14}$$

具体的确定方法取决于北京市政府节水的态度，如果北京市政府希望各区用水量靠近 D_i，就将 $Y_i = D_i$ 的效用函数值作为最大值，将右端点用水量 $Y_i = S_i - r_i$ 的效用函数值作为最小值。

下面我们需要分别研究两个不同区间用水量的效用函数，首先找出各自的最优值，以此确定 α、β、δ、h、k 的关系。

（1）在区间 $D_i \leqslant Y_i \leqslant x_i$ 上，效用函数为［式（3-15）］

$$f_i(Y_i)=\alpha(x_i-Y_i)-\delta(S_i-Y_i-r_i)-h(x_i-Y_i) \tag{3-15}$$

那么必须使［式（3-16）］

$$\begin{cases}\max f_i(D_i)=\alpha(x_i-D_i)-\delta(S_i-D_i-r_i)-h(x_i-D_i)\\ \min f_i(x_i)=\alpha(x_i-x_i)-\delta(S_i-x_i-r_i)-h(x_i-x_i)=-\delta(S_i-x_i-r_i)\end{cases} \tag{3-16}$$

也就是说，在 $D_i \leqslant Y_i \leqslant x_i$ 区间上的直线应设定为下降直线，左端点的效用为最大值 $f_1(D_i)$，右端点的效用函数为最小值 $f_1(x_i)$，要求［式（3-17）］

$$\begin{aligned}f_1(Y_i)&=\alpha(x_i-Y_i)-\delta(S_i-Y_i-r_i)-h(x_i-Y_i)\\&=(\alpha+\delta+h)Y_i+\alpha x_i-\delta(S_i-r_i)-hx_i\end{aligned} \tag{3-17}$$

即直线斜率为负值，$-\alpha+\delta+h<0$，也即 $\alpha>\delta+h$。

（2）在区间 $x_i<Y_i<S_i-r_i$ 上，效用函数为［式（3-18）］

$$f_2(Y_i)=k(Y_i-x_i)-\beta(Y_i-x_i)-\delta(S_i-Y_i-r_i) \tag{3-18}$$

那么必须使［式（3-19）］

$$\begin{cases}\max f_2(x_i)=-\delta(S_i-x_i-r_i)\\ \min f_2(Y_i)=k(S_i-r_i-x_i)-\beta(S_i-r_i-x_i)-\delta(-2r_i)\end{cases} \tag{3-19}$$

也就是说，在区间 $x_i<Y_i<S_i-r_i$ 上直线的斜率应为负值，要求［式（3-20）］

$$\begin{aligned}f_2(Y_i)&=k(Y_i-x_i)-\beta(Y_i-x_i)-\delta(S_i-Y_i-r_i)\\&=(k-\beta+\delta)Y_i-kx+\beta x_i-\delta(S_i-r_i)\end{aligned} \tag{3-20}$$

即直线斜率为负值，$k-\beta+\delta<0$，也即 $\beta>\delta+k$。

通过上述分析可以看出，节水区间上的最小值等于浪费水区间上的最大值。所以，节水区间上的效用函数值大于浪费水区间上的效用函数。

也就是说，北京市政府想要各区政府提高节约用水的积极性，就须制定有效的激励机制和惩罚机制，奖惩力度要科学合理，奖励力度的大小还要考虑节水的成本和虚报罚金数，即必须满足 $\alpha>\delta+h$；惩罚力度的大小要考虑多用水的效用和虚报罚金数量，即必须满足 $\beta>\delta+k$。只有这样才能使用水总效用函数满足 $\max f_1(Y_i)>\max f_2(Y_i)$，即［式（3-21）］

$$\max f(Y_i)=\{\max f_1(Y_i),\ \max f_2(Y_i)\}=\max f_1(Y_i) \tag{3-21}$$

这样使得各区政府为了获得最大利益，自愿选择节水区间并向 D_i 靠近，有助于实现在水资源有限的条件下节约用水的机制设计理念。

具体实施过程中，只需保证 $\max f(Y_i)=\{\max f_1(Y_i),\ \max f_2(Y_i)\}=\max f_1(Y_i)$ 成立，就可以灵活地调整两个效用函数的斜率，例如加大节水奖励或加大浪费水的惩罚，都能实现节约用水的目的。

七、模型操作步骤

上述水资源配置博弈机制模型，是在充分考虑各区需求基础上的宏观调控配置博弈机制模型与各区节约用水机制设计模型为一体的“分”与“用”有机结合起来的模型设计。在水分配方面，既尽可能地满足了各区个体利益的要求，又体现了北京市政府总体宏观调控的作用；在用水方面，既考虑了节水成本下的节水奖励政策，又考虑了多用水效用下的浪费用水的惩罚机制，在此基础上又对各区虚报计划用水量设计了惩罚机制，由此实现了节约用水的分配理念。

下面给出模型的操作步骤。

第一步：确定总水量 Q（假设已知）。

第二步：确定各区基本（或最低）用水量 D_i（$i=1, 2, \cdots, n$）。

第三步：确定各区上报计划用水量 S_i（$i=1, 2, \cdots, n$）。

第四步：确定合同分配水量 $C=\lambda_i D_i+(1-\lambda_i)S_i$（$i=1, 2, \cdots, n$）。其中 λ 为宏观调控系数（这正是各区政府与北京市政府讨价还价的过程）。

第五步：如果 $\sum_{i=1}^{n} C_i \neq Q$，则最优分配方案为［式（3–22）］

$$x_1=\frac{1}{n}\left(Q-\sum_{i=1}^{n} C_i\right)-C_1,\ x_2=\frac{1}{n}\left(Q-\sum_{i=1}^{n} C_i\right)-C_2,\ \cdots,\ x_n=\frac{1}{n}\left(Q-\sum_{i=1}^{n} C_i\right)-C_n \tag{3-22}$$

如果 $\sum_{i=1}^{n} C_i = Q$，则最优分配方案为［式（3–23）］

$$x_1=C_1,\ x_2=C_2,\ \cdots,\ x_n=C_n \tag{3-23}$$

第六步：确定节水成本函数和增加用水量的效用函数（此处均采用线性函数，在实际应用中要根据具体情况设定，例如节水成本函数也可能是一个常数），即确定 h、k。

第七步：以分配方案为标准，确定 α、β、δ，即［式（3–24）和式（3–25）］

$$\max f(Y_i)=\max\{\max f_1(Y_i),\ \max f_2(Y_i)\}=\max f_1(Y_i) \tag{3-24}$$

$$f(Y_i)=\begin{cases} f_1(Y_i)=\alpha(x_i-Y_i)-\delta(S_i-Y_i-r_i)-h(x_i-Y_i) & D_i \leqslant Y_i \leqslant x_i \\ f_2(Y_i)=k(Y_i-x_i)-\beta(Y_i-x_i)-\delta(S_i-Y_i-r_i) & x_i < Y_i < S_i-r_i \\ i=1, 2, \cdots, n \end{cases} \tag{3-25}$$

保证用水总效用函数满足

$$\max f_1(Y_i) > \max f_2(Y_i)$$

使得 $\alpha>\delta+h$ 和 $\beta>\delta+k$，并建议 $\beta>\alpha$（即加大惩罚力度），这样既可节省政府开支，又能起到节水的效果。

八、配置博弈机制模型举例

为了更加直观地加以解释，下面以城六区（包括东城区、西城区、朝阳区、海淀区、丰台区和石景山区）和郊区为例，进一步说明配置博弈机制模型的思想。

第一步：假设北京市 2012 年水资源总量有 38 亿 m^3 可用于分配（即 $Q = 38$）。

第二步：城六区自报水需求量为 18 亿 m^3（即 $S_1 = 18$），郊区自报水需求量为 23.5 亿 m^3（即 $S_2 = 23.5$）。

第三步：北京市依据历年用水情况，例如按 2010 年作为最低基本分配水量，即城六区最低需求量为 15.8 亿 m^3（即 $D_1 = 15.8$），郊区最低需求量为 19.3 亿 m^3（即 $D_2 = 19.3$）。

第四步：确定合同分配水量 $C_i = \lambda_i D_i +（1-\lambda_i）S_i（i = 1, 2, \cdots, n）$。其中 λ 为宏观调控系数。例如北京市从宏观整体考虑，将加大城六区的投入，对城六区可能有所倾斜，对农业用水可能有所减少，则宏观调控系数对城六区可以定得高一些，设定城区宏观调控系数 $\lambda_1 = 0.7$，对郊区定得低一些，设定郊区宏观调控系数 $\lambda_2 = 0.5$。由此计算得出结论为

城六区合同基数　$C_1 = \lambda_1 D_1 +（1 + \lambda_1）S_1 = 0.7\times15.8 + 0.3\times18 = 16.46$

郊区合同基数　$C_2 = \lambda_2 D_2 +（1 + \lambda_2）S_2 = 0.6\times23.5 + 0.4\times19.3 = 21.82$

第五步：如果 $\sum_{i=1}^{n} C_i \neq Q$，则最优分配方案为［式（3-26）］

$$x_1 = \frac{1}{n}(Q-\sum_{i=1}^{n}C_i) + C_1,\ x_2 = \frac{1}{n}(Q-\sum_{i=1}^{n}C_i) + C_2,\ \cdots,\ x_n = \frac{1}{n}(Q-\sum_{i=1}^{n}C_i) + C_n \tag{3-26}$$

如果 $\sum_{i=1}^{n} C_i = Q$，则最优分配方案为［式（3-27）］

$$x_1 = C_1,\ x_2 = C_2,\ \cdots,\ x_n = C_n \tag{3-27}$$

由于 $\sum_{i=1}^{2} C_i = 16.46 + 21.82 = 38.28$，大于 Q（38），则最优分配方案为

城六区分配水量　$x_1 = \frac{1}{2}(Q-\sum_{i=1}^{2}C_i) + C_1 = 16.32$

郊区分配水量　$x_2 = \frac{1}{2}(Q-\sum_{i=1}^{2}C_i) + C_2 = 21.68$

如果我们假设 $Q = 40$，由于 $\sum_{i=1}^{2} C_i = 16.46 + 21.82 = 38.28$，小于 Q 仍然可以采用我们给出的公式，计算最优分配方案为

$$x_1 = \frac{1}{2}(Q-\sum_{i=1}^{2}C_i) + C_1 = 17.32$$

$$x_2 = \frac{1}{2}(Q-\sum_{i=1}^{2}C_i) + C_2 = 22.68$$

如果我们假设 Q=38.28，由于 $\sum_{i=1}^{2} C_i = 116.46+21.82 = 38.28$，等于 Q，则最优分配方案为

$$x_1 = C_1 = 16.46$$
$$x_2 = C_2 = 21.82$$

第六步：确定节水成本函数和增加用水量的效用函数（在模型中均采用线性函数，在实际应用中要根据具体情况设定，例如节水成本函数也可能是一个常数），即确定 h、k。

例如修建一个大型的蓄水池，需要花费 40 万元。雨水多便多蓄水，雨水少则少蓄水，只要是在蓄水池的有限容量内，成本便保持不变，只有再投入其他的蓄水池或其他的节水措施时才会增加成本。具体实施时，应根据具体情况设定。

另外，多用多少水会产生经济收益？目前很多地方疏于管理，造成水浪费的现象较为常见，不一定会产生经济效益。例如建筑工地经常出现水龙头没有关闭导致水直接流入地下的现象，这是不会有经济效益的。除了人为浪费外，多用水是一定会产生经济效益的。当然，具体情况具体分析。

为了说明问题，我们可以设定节约 $1m^3$ 水需要投入 0.1 元，多用 $1m^3$ 水能够产生 0.3 元的效益。

第七步：根据分配方案，已知总水量为 38 亿 m^3，又依据城六区标准（x_1，x_2，…，x_n）确定 α、β、δ，使得 $\alpha > \delta + h$ 和 $\beta > \delta + k$，保证用水总效用函数满足

$$\max f_1(Y_i) > \max f_2(Y_i)$$

节约用水、不超不节（即不节约也不浪费）、超量用水、用水量 = 自报数（即极端用水量达到自报数）4 种情况的效用结果见表 3–8。

表 3–8　不同情况下水资源分配效用值

项目	节约用水		不超不节		超量用水		用水量 = 自报数	
	城六区	郊区	城六区	郊区	城六区	郊区	城六区	郊区
D_i/m^3	15.80	19.30	15.80	19.30	15.80	19.30	15.80	19.30
S_i/m^3	18.00	23.50	18.00	23.50	18.00	23.50	18.00	23.50
C_i/m^3	16.46	21.82	16.46	21.82	16.46	21.82	16.46	21.82
x_i/m^3	16.32	21.68	16.32	21.68	16.32	21.68	16.32	21.68
Y_i/m^3	15.90	20.00	16.32	21.68	17.00	22.00	18.00	23.50
r_i/m^3	0.05	0.35	0.26	1.19	0.60	1.35	1.10	2.10
$\delta(S_i - Y_i - r_i)$ / 元	−0.82	−1.26	−0.59	−0.25	−0.16	−0.06	0	0
$\beta(Y_i - x_i)$ / 元	0	0	0	0	−6.80	−3.20	−16.80	−18.20
$\alpha(x_i - Y_i)$ / 元	2.10	8.40	0	0	0	0	0	0
$h(x_i - Y_i)$ / 元	−0.08	−0.34	0	0	0	0	0	0
$k(Y_i - x_i)$ / 元	0	0	0	0	0.20	0.10	0.50	0.55
综合效用值	1.20	6.80	−0.57	−0.25	−6.76	−3.16	−16.30	−17.65

上述各参数分别取值为：$\delta = 0.4$，$\beta = 10$，$\alpha = 5$，$h = 0.1$，$k = 0.3$。

使得 $\alpha > \delta + h$ 和 $\beta > \delta + h$，并建议 $\beta > \alpha$（即加大惩罚力度），这样既可节省政府开支，又能起到节水的效果。

根据上述结果可以明显看出，对用水实施奖励与惩罚机制后，只要奖惩力度合理、到位，就能够引导各区政府向效用函数最大的节水区域靠近。不同用水情况下北京市城区及郊区用水效用值见表 3–9。

表 3–9　不同用水情况下北京市城区及郊区用水效用值

区域	用水效用值			
	节约用水	不超不节	超量用水	用水量＝自报数
城六区	1.20	0.57	−6.77	−16.30
郊区	6.80	−0.25	−3.16	−17.66

九、小结

（1）水资源配置博弈机制模型可为地区水资源量分配提供理论依据。

（2）在研究区域可用水资源量既定的情况下，可探索采用该模型开展 2 ～ 3 个分区的水量分配预测。

（3）该模型中的参数充分考虑了各区政府数据上报真实性、节水奖惩等因素对水资源量分配的影响。计算结果显示各区只有在真实自测且积极节水的情况下，才能获得最佳用水效益。

（4）结合有效的奖惩机制，可引导各项用水行为向最大节水区靠近。

第四章

用水效率控制制度

在确立用水总量红线的同时，北京市建立了用水效率控制制度，以提高用水效率，遏制用水浪费，全面建设节水型社会。

第一节　用水效率控制红线管理制度框架

用水效率控制红线体现了在一个地区或流域内，对万元地区生产总值用水量、万元地区生产总值用水下降率、人均用水量、工业用水定额等指标的综合性控制。用水效率控制红线在控制用水量的同时，也间接影响水质，因为用水效率的提高不仅会减少用水量、提高用水重复率，而且使废水量相应减少、水环境得到改善（占许珠，2017）。用水效率控制红线的制度框架和主要措施如图 4-1 所示。

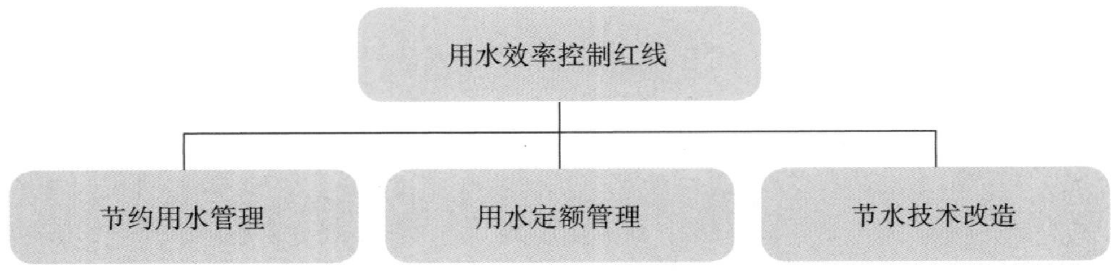

图 4-1　用水效率控制红线的制度框架和主要措施

1. **严格用水效率控制红线管理**

北京市水行政主管部门与各区签订责任书，将用水效率控制红线指标（万元地区生产总值用水量、万元工业增加值用水量、农业用新水量下降率）逐年分解到各区，市相关行业主管部门负责行业用水效率监管。

2. **全面加强节约用水管理**

各区政府要切实履行节水型社会建设的责任，把节约用水贯穿于经济社会发展和群众生活生产全过程，建立健全有利于节约用水的体制和机制。稳步推进水价改革，运用市场机制促进节约用水。严格实行产业用水效率准入，限制高耗水工业项目建设和高耗水服务业发展，遏制农业粗放用水，推进生态环境建设节约用水。

3. **强化用水定额管理**

北京市水行政主管部门会同市有关部门组织制定行业产品生产和服务的用水定额，并按照节水降耗的要求适时修订。对纳入取水许可管理的单位和其他用水大户实行计划管理，建立用水单位重点监控名录，强化用水监控管理，超计划累进加价。新建、扩建和改建建设项目应编制节水设计方案，保证节水设施与主体工程同时设计、同时施工、同时投产（即“三同时”制度），对违反“三同时”制度的，由市有关部门责令停止取用水并限期整改。

4. **积极推进节水技术改造**

加大农业节水力度，完善和落实节水灌溉的产业支持、技术服务、财政补贴等政策措施，大力发展高效节水灌溉。扩大再生水工业利用，继续推进生产工艺节水技术改造，加快制定并公布落后的、耗水量高的用水工艺、设备、产品淘汰名录。加大生活节水工作力度，大力推广使用生活节水器具，着力降低供水管网漏损率。制定节水强制性标准，逐步实行用水产品用水效率标识管理，禁止生产和销售不符合节水强制性标准的产品。逐步淘汰公共建筑中不符合节水标准的用水设备及产品，制定相关政策，鼓励并积极发展再生水、淡化海水、雨水收集利用。将非常规水源开发利用纳入水资源统一配置。

第二节 节水型社会建设

一、北京市节水型社会建设背景

北京是特大型缺水城市，虽然南水北调水进京使北京市水资源短缺的局面得到一定程度的缓解，但是由于地下水长期超采形成历史欠账，以及经济社会发展和人口增长导致用水刚性需求增加等，今后一段时期内，水资源短缺仍将是北京市必须面对的基本市情水情，节约用水是首都经济社会发展的永恒主题。

（一）北京市水资源短缺形势将成为一种新常态

1980—1998 年，北京市年人均水资源量约为 300m^3，水资源已处于入不敷出的状态。1999—2010 年，北京多年干旱，年人均水资源量进一步下降到 140m^3 左右。特别是 2014 年人均水资源量仅为 100m^3 左右，只有全国平均水平的 1/20。“十三五”末北京市年新水用量达到 31 亿 m^3，如果遭遇干旱年（例如 2014 年），本地水资源与南水北调分配的正常水量总计仅为 30.25 亿 m^3，水资源供需仍处于紧平衡状态。另外，如果丹江口水库遭遇特枯水年，南水北调中线只能向北京供水 6.8 亿 m^3，较正常年会产生 3.7 亿 m^3 的供水缺口。因此，北京市水资源短缺形势将成为一种新常态。

（二）新时期治水思路明确节水新定位

习近平总书记在中央财经工作领导小组会议上明确提出了“节水优先、空间均衡、系统治理、两手发力”的新时期治水思路，在视察北京时提出了“以水定城、以水定地、以水定产、以水定人”的城市发展原则，因此，首都经济社会发展必须坚持“以供定需、量水发展”的原则，全面建设节水型社会成为支撑北京市可持续发展的必然要求。国务院发布的《水污染防治行动计划》和《关于加快推进生态文明建设的意见》等重要文件，要求节水工作须树立“均衡发展”“底线思维”“红线思维”等意识，让节约用水不仅体现在生产、生活方式中，而且体现在价值、理念、制度建设中。

（三）节水型社会建设已经确立了新思路

为贯彻落实习近平总书记关于建设国际一流和谐宜居之都的要求和十八届五中全会提出的“创新、协调、绿色、开放、共享”的发展理念，中共北京市委、北京市人民政府《关于全面提升生态文明水平推进国际一流和谐宜居之都建设的实施意见》和《关于全面推进节水型社会建设的意见》均明确提出要率先全面建成节水型社会。北京市政府从强化顶层设计、依法治水、行业节水、基础建设、综合施策 5 个方面确立了全面推进节水型社会建设的工作路径，提出了以各区为责任主体的节水型社会创建机制、考核办法及其考核指标体系，明确了节水型社会建设的具体内容和创建目标，为“十三五”时期在全国率先建成节水型社会明确了新的思路与要求。北京市节水型区创建考核标准见表 4-1。

表 4-1　北京市节水型区创建考核标准

分类	序号	指标	目标值	考核内容	评分标准	分数
基础指标（20 分）	1	节水管理基础工作	落实到位	各区政府每年至少专题研究一次节水工作，并制定节水型区创建年度工作计划；建立科学合理的节水统计队伍，定期上报本区节水统计报表；执法检查覆盖率达到 100%；制定并落实节水规划；建设项目节水“三同时”制度落实到位	五项条件均满足，得满分，单项不满足扣 3 分。其中执法检查覆盖率达到 100% 得 3 分，每降低 10% 扣 0.5 分	15.00
	2	节水型社会建设投入水平	2‰	节水设施建设及运营维护、节水器具推广、技术研发、节水管理、节水宣传等节水投入占当年财政支出的比例	指标值≥ 2‰，得满分；指标值每降低 0.2‰扣 1 分，扣完为止	5.00
管理指标（30 分）	3	计划用水覆盖率	95%	纳入计划管理的非居民用水户实际新水用量占非居民新水总用量的比例	指标值≥目标值，得满分；指标值每低于目标值 1% 扣 1 分，扣完为止	10.00
	4	节水设施正常运行率	100%	节水设施全年运行正常，管理制度健全，用水台账完备。节水设施正常运行率为当年度正常运行的节水设施数量占节水设施总量的比例	每个区抽查数量≥ 3 个，被抽查的节水设施全部运行完好，相关管理制度健全、用水台账完备，得满分；每发现一个运行不正常的设施，扣 3 分；设施正常运行，但缺少相关管理制度或用水台账，每项扣 1 分，扣完为止	10.00
	5	节水型企业（单位）覆盖率	40%	节水型企业（单位）年用水量占辖区内企业（单位）总用水量的比例	指标值≥目标值，得满分；指标值每低于目标值 3% 扣 1 分，扣完为止	5.00

续表

分类	序号	指标	目标值	考核内容	评分标准	分数
管理指标（30分）	6	节水型社区（村庄）覆盖率	20%	节水型社区（村庄）的实际创建数量占社区（村庄）总数的比例。拟拆迁的村庄不计算在内	**指标值≥目标值，得满分；指标值每低于目标值 2% 扣 1 分，扣完为止**	5.00
技术指标（50分）	7	万元地区生产总值新水用量年下降率	4%	每万元地区生产总值新水用量的年度下降率	指标值≥目标值，得满分；低于 4% 时，每降低 1% 扣 5 分，不足 1% 时按比例计算，扣完为止	15.00
	8	人均生活用水量	220L/（人·日）	区人均居民家庭和公共服务用水量	指标值≤目标值，得满分；每高于目标值 5 L/（人·日）扣 1 分，扣完为止	10.00
	9	主要工业行业用水定额达标率	100%	**主要工业行业用水定额达到国家标准**	**主要工业行业用水定额有 1 个不满足，扣 1 分，扣完为止**	5.00
	10	城镇节水器具普及率	100%	**公共机构和居民生活用水使用节水器具数占总用水器具的比例，节水器具（含改造措施）包括节水型水龙头、便器和淋浴器**	**指标值≥ 98%，得满分；指标值低于 98%，城六区每降低 0.5% 扣 1.5 分，郊区每降低 0.5% 扣 1 分，扣完为止**	10.00
	11	绿地林地及农业节水灌溉面积比率	98%	**城市园林绿地和“两田一园”范围内，微灌、喷灌、管灌等节水灌溉工程控制面积占灌溉面积的比例**	**指标值≥目标值，得满分；指标值每低于目标值 1% 扣 1 分，扣完为止**	10.00
总分						100.00

（四）《北京市“十三五”时期节水型社会建设规划》明确了节水型社会建设的具体目标和任务

根据《北京市“十三五”时期节水型社会建设规划》，北京市通过“十三五”时期节水型社会建设，社会节水意识显著提高，用水总量控制更加严格，用水效率和效益明显提升，节水法规、标准和政策保障体系更加完善，激励和约束机制更加健全，节水型区创建全面完成，主要节水指标全国领先，部分指标达到国际先进水平，在全国率先全面建成节水型社会。

2020 年，北京市新水用量严格控制在 31 亿 m^3 以内；再生水利用量达到 12 亿 m^3；万元地区生产总值用水量下降到 15m^3 以下，万元工业增加值用水量下降到 10 m^3 以下，农田灌溉水有效利用系数提高到 0.75 以上；计划用水覆盖率达到 95% 以上，城市公共供水管网漏损率基本控制在 10% 以下。具体指标见表 4-2。

表 4-2　北京市节水型社会建设 2014 年和 2020 年指标对比

序号	指标	2014 年现状值	2020 年规划指标值
1	万元地区生产总值用水量 /m^3	17.58	＜ 15.00
2	万元工业增加值用水量 /m^3	13.60	＜ 10.00
3	人均生活用水量 /［L/（人·日）］	220.00	＜ 220.00
4	计划用水覆盖率 /%	90.00	＞ 95.00
5	节水型企业（单位）覆盖率 /%	25.83	＞ 40.00
6	城镇居民节水器具普及率 /%	96.10	＞ 99.00
7	城市公共供水管网漏损率 /%	15.18	＜ 10.00
8	农田灌溉水有效利用系数	0.71	＞ 0.75
9	农业节水灌溉面积比率 /%	87.80	＞ 98.00
10	农业灌溉机井计量设施覆盖率 /%	50.00	＞ 98.00
11	园林绿地节水灌溉面积比率 /%	—	＞ 98.00

注：“—”表示无数据。

二、北京市节水型区创建考核评定研究

为全面推进北京市节水型社会建设，2016 年 1 月，北京市人民政府发布了《关于全面推进节水型社会建设的意见》（京政发〔2016〕7 号），并附《节水型区创建考核评定办法》（以下简称《考评办法》），提出建立以区为责任主体的节水型区创建机制，要求到 2020 年，各区政府按照《考评办法》要求，全面完成节水型区创建工作。

《考评办法》确定了考评主体和考评过程，明确了 11 项考核指标及其考核内容（表 4-1），其中 11 项考核指标的定义、内涵、外延、计算方法和指标计算数据来源等细则内容有待进一步明确，具体的考评流程尚需细化。因此，为更好地施行《考评办法》，需要结合国内外节水考核评定的研究成果和实践经验，分析北京市各区节水型区创建现状和存在问题，对节水型区创建考核标准的 11 项指标进行分解细化，研究考核评定内容的技术要点，制定具体、可操作的评分方法。同时，对考核评定的工作流程进行研究分析和设计构建，落实相关部门职责，规范考核工作程序。

（一）北京市节水型区创建现状评价及存在的问题

根据《考评办法》，对北京市各区节水现状进行了分析，通过评价，明确了《考评办法》

中主要存在的问题、尚需细化和研究的内容，以便更好地促进各区开展节水型社会建设。

1. **节水管理基础工作**

对照《考评办法》中节水管理基础工作的要求，各区主要采用定性分析的方法，对节水统计队伍建设情况、节水执法覆盖率、节水规划情况、节水“三同时”情况和其他情况进行了总结说明，得分较高。北京市各区节水管理基础工作现状评价情况见表4-3。

表4-3　北京市各区节水管理基础工作现状评价情况

区域	节水统计队伍建设情况	节水执法覆盖率	节水规划情况	节水“三同时”情况	其他情况	评分
大兴区	成立了节水统计队伍，能按时填写报表	75%	编制中	有相关审查、审批、验收数据	编制了与节水相关的规章制度	13.50
密云区	未提及节水统计队伍情况，能按时填写、上报节水统计报表	未提及	编制中	有相关审查、审批、验收数据	无	12.00
顺义区	未提及节水统计队伍情况，能按时填写、上报节水统计报表	90%	编制中	发布了《关于加强建设项目节水设施“三同时”工作的通知》，无具体数据	编制了与节水相关的规章制度	14.50
东城区	未提及节水统计队伍情况，能及时、准确填写、上报节水统计报表	用水单位检查覆盖率达到80%以上，投诉处理率达100%	编制中	建立了建设项目“三同时”备案制度	无	8.00
丰台区	未提及节水统计队伍情况，加强了管水员队伍建设	100%	编制中	加大节水“三同时”管理力度，严格依法落实行政审批程序	建设了节水信息管理系统	12.00
平谷区	未提及节水统计情况	100%	编制中	建立各部门间沟通的长效机制，深入工地现场办公，有相关审查、审批、验收数据	编制了与节水相关的规章制度	15.00
通州区	未提及节水统计队伍情况，能及时、准确填写、上报节水统计报表	开展了特殊行业用水联合执法；群众举报的处理率、满意率均达到100%	编制中	规范建设项目节水设施方案审查流程，并制作新的办理流程图	无	10.50

针对该指标，存在的主要问题是考核内容尚需细化，评分标准有待进一步明确，具体包括：①“建立科学合理的节水统计队伍”中的“科学合理”的界定方式；②执法检查覆盖率指标的量化考核方式；③每项考核内容的具体评分方式。

2. 节水型社会建设投入水平

考核标准中，虽然对节水投入的范围进行了大概确定，但是对资金来源尚未明确。因此，存在的主要问题是，节水投入仅指本级财政支出还是由本级财政支出及中央级、市级和社会投入共同组成尚需明确。北京市各区节水型社会建设投入水平评价情况见表 4–4。

表 4–4 北京市各区节水型社会建设投入水平评价情况

区域	节水专项财政投入	社会资金节水投入	本级财政支出	投入比例 /‰	评分
大兴区	包括节水技术改造项目等投入	包括节水器具安装、节水目标责任制、基础数据采集、节水创建等投入	区公共财政预算支出	2.04	5.00
密云区	包括雨水利用工程、中水利用工程、远程监控、农业节水灌溉等节水设施的建设、运行、维护，以及节水器具推广、节水奖励资金、节水创建、节水宣传、数据采集等投入	无	区公共财政预算支出	5.54	5.00
顺义区	包括雨水利用工程、农业节水灌溉设施等节水设施的建设、运行、维护，以及节水创建和节水宣传等投入	无	区公共财政预算支出	3.40	5.00
东城区	包括雨水利用工程、中水利用工程等节水设施的建设、运行、维护，以及节水器具推广、节水创建和节水宣传等投入	无	区公共财政预算支出	2.69	5.00
丰台区	包括节水基础管理、节水技术推广、节水设施改造与建设、节水宣传教育等投入	无	区公共财政预算支出	1.10	0.50
平谷区	包括雨水利用工程、中水利用工程及其他节水设施的运行、维护，以及节水载体创建和节水宣传等投入	无	区公共财政预算支出	2.40	5.00
通州区	包括中水、雨水利用工程建设和节水器具换装等投入	无	区公共财政预算支出	1.30	1.50

3. 计划用水覆盖率

各区计划用水户统计内容主要包括计划用水户名称、行业类型、水源类型、计划用水量、计划户实际用水量、全区实际用水量、全区实际居民家庭生活用水量。北京市各区计划用水户数据统计情况见表 4–5，计划用水覆盖率现状评价情况见表 4–6。

该指标存在的主要问题是各区用水量数据的来源不一。北京市节水管理信息系统、

《北京市水务统计年鉴》与各区实际掌握的数据出入较大，各区采用的数据获取方式不同，导致各区评价标准不一。

表 4-5 北京市各区计划用水户数据统计情况

区域	计划用水户名称	行业类型	水源类型	计划用水量	计划户实际用水量	全区实际用水量	全区实际居民家庭生活用水量
大兴区	—	—	—	—	√	√	√
密云区	√	√	√	√	√	√	√
顺义区	√	√	—	√	√	√	√
东城区	区级	区级	区级	区级	√	√	√
丰台区	区级	区级	区级	区级	√	√	√
平谷区	√	√	√	√	√	√	√
通州区	√	√	√	—	√	√	√

注："√"表示此项可获取，"—"表示未提及。

表 4-6 北京市各区计划用水覆盖率现状评价情况

区域	计划户实际用水量	非居民用水量	覆盖率 /%	评分
大兴区	区提供	《北京市水务统计年鉴》	94.80	9.80
密云区	无	无	88.80	3.80
顺义区	北京市节水管理信息系统	区提供	91.30	6.30
东城区	2014 年度节水基础数据统计汇编	北京市节水管理信息系统	93.80	8.00
丰台区	丰台节水系统	区提供	80.00	0
平谷区	区提供	区提供	100.00	10.00
通州区	通州区人民政府节约用水办公室提供	《北京市水务统计年鉴》	58.30	0

4. 节水设施正常运行率

各区节水设施主要包括城镇雨水利用工程、农村雨洪利用工程、中水利用工程、节水灌溉工程、循环水工程和再生水利用工程。根据考核内容要求，结合各区统计的节水设施现状，北京市各区节水设施分类统计见表 4–7，各类利用工程统计内容见表 4–8 ～表 4–13，各区节水设施正常运行率现状及自评得分情况见表 4–14。

根据各区现状评价情况，该指标需要明确的问题较多，主要包括：①对节水设施的统计范围、统计年度的要求尚不清晰；②正常运行需要准确定义，节水设施正常运行率的计算方法及考核标准不详细；③应针对不同类型节水设施分别提出考核要求；④透水铺砖属于雨水利用工程，但其利用方式与一般的雨水利用工程有一定区别，或可制定针对透水铺砖的具体考核方法；⑤该指标的考核方式为抽查，各区在自评分时存在一定困难，应确定各区自评分的方法。

表 4-7　北京市各区节水设施分类统计

区域	城镇雨水利用工程	农村雨洪利用工程	中水利用工程	节水灌溉工程	循环水工程	再生水工程
大兴区	√	√	√	√	—	—
密云区	√	√	√	√	—	—
顺义区	√	√	√	√	—	—
东城区	√	—	√	√	√	—
丰台区	√	√	—	√	—	—
平谷区	√	√	√	√	√	√
通州区	√	—	—	√	—	—

注：“√”表示有此类工程，“—”表示未提及。

表 4-8　城镇雨水利用工程统计内容

区域	名称	地点	建成时间	类型	运行状态	水质情况	管理制度	用水台账	防护措施
大兴区	√	—	—	—	√	—	√	√	—
密云区	√	√	√	√	√	√	√	√	√
顺义区	√	√	√	√	√	√	√	√	√
东城区	√	√	部分有	√	√	√	×	×	×
丰台区	—	—	—	—	—	—	—	—	—
平谷区	√	√	√	√	√	√	√	√	√
通州区	√	√	√	√	√	√	√	√	√

注：“√”表示有此项内容，“×”表示无此项内容，“—”表示未提及。

表 4-9　农村雨洪利用工程统计内容

区域	名称	地点	建成时间	类型	运行状态	水质情况	管理制度	用水台账	防护措施
大兴区	√	—	—	√	√	—	×	×	—
密云区	√	√	√	√	√	×	×	×	√
顺义区	√	√	√	√	√	√	√	×	√

续表

区域	名称	地点	建成时间	类型	运行状态	水质情况	管理制度	用水台账	防护措施
东城区	—	—	—	—	—	—	—	—	—
丰台区	—	—	—	—	—	—	—	—	—
平谷区	√	√	√	√	√	×	√	×	×
通州区	—	—	—	—	—	—	—	—	—

注："√"表示有此项内容，"×"表示无此项内容，"—"表示未提及。

表 4-10　中水利用工程统计内容

区域	名称	地点	建成时间	类型	运行状态	水质情况	管理制度	用水台账	防护措施
大兴区	√	—	—	√	√	—	×	×	—
密云区	√	√	√	√	√	×	×	×	√
顺义区	√	√	√	√	√	√	√	×	√
东城区	—	—	—	—	—	—	—	—	—
丰台区	—	—	—	—	—	—	—	—	—
平谷区	√	√	√	√	√	×	√	×	×
通州区	—	—	—	—	—	—	—	—	—

注："√"表示有此项内容，"×"表示无此项内容，"—"表示未提及。

表 4-11　节水灌溉工程统计内容

区域	名称	地点	建成时间	类型	运行状态	水质情况	管理制度	用水台账	防护措施
大兴区	√	—	—	√	√	—	√	√	—
密云区	√	√	√	√	√	×	√	×	√
顺义区	√	√	√	√	√	√	√	部分无	√
东城区	√	√	×	√	√	√	√	√	√
丰台区	—	—	—	—	—	—	—	—	—
平谷区	√	√	×	√	√	×	√	×	×
通州区	√	√	×	√	√	√	√	√	√

注："√"表示有此项内容，"×"表示无此项内容，"—"表示未提及。

表 4-12　循环水工程统计内容

区域	名称	地点	建成时间	类型	运行状态	水质情况	管理制度	用水台账	防护措施
大兴区	—	—	—	—	—	—	—	—	—
密云区	—	—	—	—	—	—	—	—	—
顺义区	—	—	—	—	—	—	—	—	—
东城区	√	√	√	√	√	√	√	√	√
丰台区	—	—	—	—	—	—	—	—	—
平谷区	√	√	√	√	√	√	√	√	√
通州区	—	—	—	—	—	—	—	—	—

注：“√”表示有此项内容，“—”表示未提及。

表 4-13　再生水利用工程统计内容

区域	名称	地点	建成时间	类型	运行状态	水质情况	管理制度	用水台账	防护措施
大兴区	—	—	—	—	—	—	—	—	—
密云区	—	—	—	—	—	—	—	—	—
顺义区	—	—	—	—	—	—	—	—	—
东城区	—	—	—	—	—	—	—	—	—
丰台区	—	—	—	—	—	—	—	—	—
平谷区	√	√	√	√	√	√	√	√	√
通州区	—	—	—	—	—	—	—	—	—

注：“√”表示有此项内容，“—”表示未提及。

表 4-14　北京市各区节水设施正常运行率现状及自评得分情况

运行率	区域						
	大兴区	密云区	顺义区	东城区	丰台区	平谷区	通州区
	100% 运行，部分设施缺少台账、制度	67.00%	100.00%	86.90%	100.00%	75.20%	低于要求
评分	8.00	—	5.40	4.00	10.00	7.50	0

注：“—”表示未进行打分。

5. **节水型企业（单位）覆盖率**

根据各区现状评价情况，总结各区“节水型企业（单位）覆盖率”指标所采用的计算方法和资料收集情况。北京市各区节水型企业（单位）统计情况见表 4-15，各区节水型企业（单位）覆盖率现状及自评得分情况见表 4-16。

该指标存在的主要问题：①计算公式的分子、分母应包括再生水用量与否，存在争议；②城六区只掌握区创建节水型企业（单位）名录，较难获取市级创建单位数据，其数据获取方式需明确；③企业（单位）用水量数据获取来源和范围不一。

表 4-15 北京市各区节水型企业（单位）统计情况

区域	计算公式	是否有名录
大兴区	节水企业（单位）总用水量 ÷ 非农业非居民用水总量（新水）	有
密云区	节水企业（单位）总用水量 ÷ 非农业非居民用水总量（新水）	有
顺义区	节水企业（单位）总用水量 ÷ 非农业非居民用水总量（新水）	有
东城区	节水企业（单位）总用水量（自来水量）÷ 辖区内企业（单位）用水量	有区创建名录
丰台区	节水企业（单位）总用水量 ÷ 非农业非居民用水总量（新水）	有区创建名录
平谷区	节水企业（单位）总用水量 ÷ 非农业非居民用水总量（新水）	有
通州区	节水企业（单位）总用水量 ÷ 企业（单位）总用水量	有

表 4-16 北京市各区节水型企业（单位）覆盖率现状及自评得分情况

覆盖率 /%	区域						
	大兴区	密云区	顺义区	东城区	丰台区	平谷区	通州区
	15.80	46.80	28.30	41.20	39.00	63.30	15.60
评分	0	5.00	1.00	5.00	4.70	5.00	0

6. **节水型社区（村庄）覆盖率**

根据各区现状计算情况，总结各区“节水型社区（村庄）覆盖率”指标所采用的计算方式和资料收集情况。北京市各区节水型社区统计情况见表 4-17，各区节水型社区（村庄）覆盖率现状及自评得分情况见表 4-18。

该指标存在的主要问题包括：①目前北京市节水型小区创建多以小区为载体，但是部分区创建时以社区为载体，因此需要对节水型社区的定义进一步加以明确；②计算覆盖率时，是按户数还是按个数作为计量单位尚需明确。

表 4-17 北京市各区节水型社区统计情况

区域	计算方式	计量单位	是否有名录
大兴区	（节水型社区个数＋节水型村庄个数）÷（社区总数＋村庄总数）	个	无
密云区	（节水型社区个数＋节水型村庄个数）÷（社区总数＋村庄总数）	个	无
顺义区	（节水型社区个数＋节水型村庄个数）÷（社区总数＋村庄总数）	个	有

续表

区域	计算方式	计量单位	是否有名录
东城区	节水型社区个数 ÷ 社区总数	个	有
丰台区	社区、村庄覆盖率分别计算	个 / 户	无
平谷区	节水型社区（村庄）总户数 ÷ 居民总户数	户	有
通州区	（节水型社区个数＋节水型村庄个数）÷（社区总数＋村庄总数）	个	有

表 4–18　北京市各区节水型社区（村庄）覆盖率现状及自评得分情况

区域	大兴区	密云区	顺义区	东城区	丰台区	平谷区	通州区
覆盖率 /%	29.00	17.10	30.50	79.70	74.00	47.50	17.00
评分	5.00	3.50	5.00	5.00	5.00	5.00	3.50

7. 万元地区生产总值新水用量年下降率

总结各区指标计算方法可知，各区的万元地区生产总值新水下降率基本按现价进行计算，具体情况见表 4–19。

由于该指标为综合性指标，且各区经济发展水平不一，因此存在的问题较多，主要包括：①各区新水用量数据来源不一；②按可比价和现价计算的结果存在差异，由于各区水务部门没有掌握可比价数据，具体计算方法和数据获取方式尚需明确；③由于各区节水潜力、节水工作基础、经济发展方式不同，或可考虑结合功能区定位，分别确定考核目标；④计算万元地区生产总值新水用量下降率时，是采用一年数据还是多年平均数据尚需明确。

表 4–19　北京市各区指标计算方式及结果对比

区域	计算方式		现状年下降率 /%	评分
	可比价	现价		
大兴区	—	√	＞ 4.00	15.00
密云区	—	√	9.70	15.00
顺义区	—	√	13.60	15.00
东城区	√	√	6.00（可比价）、7.70（现价）	15.00
丰台区	—	√	3.90	14.50
平谷区	√	√	11.80（可比价）、11.50（现价）	15.00
通州区	—	√	–0.70	0

注：“√”表示数据可获取，“—”表示无相关统计数据。

8. 人均生活用水量

北京市各区现状年人均生活用水量均满足目标要求，评分情况见表 4-20。该指标的主要问题是计算方法不一，有的采用生活用水量除以当年度年末人口数计算，有的采用生活用水量除以当年度年末人口数与上一年度年末的平均值计算，应作统一规定。

表 4-20　北京市各区现状年人均生活用水量评分情况

区域	现状人均生活用水量 /［L/（人·d）］	评分
大兴区	167.00	10.00
密云区	155.60	10.00
顺义区	141.00	10.00
东城区	188.00	10.00
丰台区	169.00	10.00
平谷区	199.00	10.00
通州区	194.90	10.00

9. 主要工业行业用水定额达标率

统计发现，获取企业实际用水定额数据较为困难，仅大兴区、密云区和平谷区能取得较为完全的资料（实际上统计的企业数量依然较少），其他区基本没有相关数据。北京市各区指标数据获取情况见表 4-21。

该指标存在的主要问题包括：①由于定额标准不全，部分区的某些行业没有国家标准用水定额；②有些区单个企业的产量数据难以获取，实际用水定额无法计算。

表 4-21　北京市各区指标数据获取情况

区域	单位名称	行业类型	实际用水定额	实际用水量	参考定额标准	统计企业数量	评分
大兴区	√	√	—	—	《中华人民共和国国家标准：取水定额》（GB/T 18916—2004）	60	5.00
密云区	√	√	√	√	《中华人民共和国国家标准：取水定额》（GB/T 18916—2004）	17	5.00
顺义区	—	—	—	—	—	—	5.00
东城区	—	—	—	—	—	—	5.00
丰台区	—	—	—	—	—	—	5.00
平谷区	√	√	√	√	《中华人民共和国国家标准：取水定额》（GB/T 18916—2004）及北京用水定额标准	13	5.00
通州区	—	—	—	—	—	—	

注：“√”表示数据可获取；“—”表示无相关统计数据。

10. 城镇节水器具普及率

获取的城镇节水器具普及率均为各区提供，部分区仅提供了居民家庭节水器具普及率资料。各区城镇节水器具普及率见表 4–22。

由于该指标来自调查获得的数据，因此各区在自评“城镇节水器具普及率”指标时，无数据获取来源，需要细化该项考核标准。

表 4–22　北京市各区城镇节水器具普及率

普及率 /%	区域						
	大兴区	密云区	顺义区	东城区	丰台区	平谷区	通州区
	96.00	95.00	100.00	99.21	96.00	98.40	95.70
评分	6.00	4.00	10.00	10.00	4.00	10.00	0

11. 绿地林地及农业节水灌溉面积比率

由于该指标中的“绿地林地”没有具体定义，各区在制定实施方案时大多将该指标理解为公园绿地、单位绿地及道旁绿地。密云区、顺义区、东城区和平谷区绿地节水灌溉面积可落到地块，有具体的统计数据。“两田一园”节水灌溉面积统计中，仅通州区能统计到以乡镇为单位的节水灌溉面积情况，其他区均无法落到地块。北京市各区指标解读及现状评分情况见表 4–23。

该指标存在部分内容的范围尚未界定清楚的问题，主要包括：①园林绿地的范围尚未界定；②由于“两田一园”面积尚未落地，农业节水灌溉面积难以统计，自评时较为困难；③节水灌溉方式的范围尚未明确，各区数据范围不一。

表 4–23　北京市各区指标解读及现状评分情况

区域	绿地林地解读	绿地节水灌溉地块统计表	“两田一园”节水灌溉地块面积统计表	评分
大兴区	城市公园绿地	无	无	6.90
密云区	公园绿地、建筑绿地、道旁绿地	有	无	0
顺义区	公园绿地、建筑绿地、道旁绿地	有	无	3.10
东城区	公园绿地、建筑绿地、道旁绿地	有	无	10.00
丰台区	城市园林绿地	按乡镇统计	无	6.00
平谷区	城市园林绿地	有	无	1.00
通州区	城市园林绿地	无	按乡镇统计	0

注：评价数据来源于调研数据和各区上报数据。

（二）北京市节水考核评定技术要点分析

1. 节水管理基础工作

将节水管理基础工作的五项考核内容进行细化，并明确评分标准和支撑内容，做到自评标准和考评标准相统一。

（1）各区政府对节水工作的重视程度。主要包括以下几个方面。

1）分类：基础指标。

2）目标值：落实到位。

3）考核内容：各区政府每年至少专题研究一次节水工作，并制定节水型区创建年度工作计划。

4）评分标准：①区政府每年至少召开一次节水工作专题会，得 1 分，否则不得分；②有经区政府批准的节水型区创建方案，得 1 分，否则不得分；③制定节水型区创建年度工作计划，得 1 分，否则不得分。

5）分数：3 分。

6）支撑材料：①区政府召开节水工作专题研究的会议通知、会议纪要或相关媒体宣传材料等；②区政府关于节水型区创建实施方案的批准文件；③由区节水型社会建设协调小组办公室印发的节水型区创建年度工作计划。

（2）节水统计队伍建设情况。主要包括以下几个方面。

1）分类：基础指标。

2）目标值：落实到位。

3）考核内容：建立科学合理的节水统计队伍，定期上报本区节水统计报表。

4）评分标准：①建立区、乡镇（街道）、村（社区居委会）三级节水统计网络队伍，各级设有专（兼）职的统计人员，职责明晰，得 0.5 分，否则不得分；②统计人员具备与其从事的统计工作相适应的专业知识和业务能力，经过统计培训，得 0.5 分，否则不得分；③通过北京市节约用水管理信息系统，完成《北京市节水管理统计报表制度》规定的统计任务，并录入相关信息，得 2 分，否则不得分。

5）分数：3 分。

6）支撑材料：①统计队伍人员名单、联系方式及职责分工；②统计培训证明材料；③完成统计任务和北京市节水管理信息系统填报情况的说明材料。

（3）节水执法检查情况。主要包括以下几个方面。

1）分类：基础指标。

2）目标值：100%。

3）考核内容：执法检查覆盖率。

4）评分标准：①执法检查覆盖率达到 100%，得 2 分，每降低 10% 扣 0.5 分，不足 10% 时按相应比例计算，扣完为止；②对举报浪费用水问题的处理率达到 100%，得 1 分，否则不得分。

5）分数：3 分。

6）支撑材料：①执法检查工作情况说明；②提供被执法和检查单位的名录、现场勘验笔录（月用水在 500m^3 及以下的用水单位可提供其他相关检查证明）；③举报处理记录。

7）指标计算公式为

$$\text{执法检查覆盖率（\%）}=\frac{\text{已开展执法检查的用水单位数量}}{\text{纳入计划管理的用水单位总数量}}\times 100$$

8）数据出处：已开展执法检查的用水单位数量（个）——各区提供；纳入计划管理的用水单位总数量（个）——北京市节水管理信息系统。

（4）节水规划制定落实情况。主要包括以下几个方面。

1）分类：基础指标。

2）目标值：落实到位。

3）考核内容：制定并落实节水规划。

4）评分标准：①有经区政府批准的“十三五”节水规划，得 1 分，否则不得分；②根据节水规划指标落实率、执行进度和实施效果进行评分，满分 2 分。

5）分数：3 分。

6）支撑材料：①区政府关于“十三五”节水规划的批准文件；②“十三五”节水规划文本；③节水规划实施情况的说明材料。

（5）建设项目节水“三同时”制度落实情况。主要包括以下几个方面。

1）分类：基础指标。

2）目标值：落实到位。

3）考核内容：建设项目节水“三同时”制度落实到位。

4）评分标准：建设项目“三同时”制度落实率达到 95%，得 3 分，每降低 5% 扣 0.5 分，不足 5% 时按相应比例计算，扣完为止。

5）分数：3 分。

6）支撑材料：①“三同时”制度的落实情况总结；②应落实与已落实节水设施方案审批的建设项目台账；③审核、竣工验收资料。

备注：应落实节水设施方案审批的建设项目范围参照《建设项目节水设市方案审查办理指南（试行）》（京水务节〔2015〕10 号）确定。

7）指标计算公式为

$$\text{“三同时”制度落实到位率（\%）}=\frac{\text{已落实“三同时”制度的建设项目数量}}{\text{应落实“三同时”制度的建设项目总数量}}\times 100$$

8）数据出处：已落实“三同时”制度的建设项目数量（个）——各区提供；应落实“三同时”制度的建设项目总数量（个）——各区提供。

2. 节水型社会建设投入水平

1）分类：基础指标。

2）目标值：2‰。

3）考核内容：节水设施建设及运营维护、节水器具推广、技术研发、节水管理、节水宣传等节水投入占当年财政支出的比例。

4）评分标准：指标值不小于目标值，得满分；指标值每降低 0.2‰扣 1 分，扣完为止。

5）分数：5 分。

6）支撑材料：①财政部门用于节水管理、节水技术推广、节水设施建设与运维、节水宣传教育等投入的预算和拨款批复等执行情况相关证明材料；②节水与水资源财政转移支付考核奖补资金使用说明。

备注：节水投入包括中央级、市级和区级财政投入；节水投入指用于节水宣传教育、节水奖励、节水科研、节水技术改造、水平衡测试、节水技术产品推广、再生水和雨水利用设施、农业节水设施、园林绿化节水设施建设与运行的费用。

7）指标计算公式为

$$节水型社会建设投入水平（‰）=\frac{财政投入节水资金总额}{区财政总支出}\times 1000$$

8）数据出处：各项财政投入节水资金（万元）——各区提供，主要包括以下原始数据：①节水设施建设与运行维护费用；②节水器具推广投入；③节水技术研发投入；④节水技术改造投入；⑤水平衡测试投入；⑥节水管理投入；⑦节水创建投入；⑧节水宣传投入；⑨节水奖励投入；⑩其他投入。区财政总支出（万元）——区统计年鉴或区国民经济和社会发展统计公报。

3. 计划用水覆盖率

1）分类：管理指标。

2）目标值：95%。

3）考核内容：纳入计划管理的非居民用水户实际新水用量占非居民新水总用量的比例。

4）评分标准：指标值不小于目标值，得满分；指标值每低于目标值 1% 扣 1 分，扣完为止。

5）分数：10 分。

备注：计划管理用户实际用水量及非居民用水量不含再生水量；各区计划管理用户信息以北京市节水管理信息系统为准。

6）指标计算公式为

$$计划用水覆盖率（\%）=\frac{纳入计划管理的非居民用水户实际新水用量}{非居民新水总用量}\times 100$$

7）数据出处：计划用水覆盖率（%）——北京市节水管理信息系统。

4. 节水设施正常运行率

1）分类：基础指标。

2）目标值：100%。

3）考核内容：节水设施全年运行正常，管理制度健全，用水台账完备。节水设施正常运行率为当年度正常运行的节水设施数量占节水设施总数量的比例。

4）评分标准：每个区抽查数量不小于 3 个，被抽查的节水设施全部运行完好，相关管理制度健全、用水台账完备，得满分；每发现一个运行不正常的设施，扣 3 分；设施正常运行，但缺少相关管理制度或用水台账，每项扣 1 分，扣完为止。

5）分数：10 分。

6）支撑材料：①节水设施管理台账，含名称、地点、建成时间、类型、运行状态、用水台账（节水灌溉设施）、是否有管理制度等；②管理制度纸质文本。

备注：节水设施包括雨水利用工程、节水灌溉设施（农业和园林绿地）、洗车循环水设施、再生水利用设施等。节水设施运行状态正常的条件有两个：一是配备相应的管理制度；二是能够正常发挥设施作用，无跑冒滴漏、淤积、堵塞、锈蚀等损坏和废弃的情况。

7）指标计算公式为

$$节水设施正常运行率（\%）=\frac{正常运行的节水设施数量}{节水设施总数量}\times 100$$

8）数据出处：正常运行的节水设施数量（个）——各区提供；节水设施总数量（个）——各区提供。

5. 节水型企业（单位）覆盖率

1）分类：基础指标。

2）目标值：40%。

3）考核内容：节水型企业（单位）年新水用量占辖区内企业（单位）新水总用量的比例。

4）评分标准：指标值不小于目标值，得满分；指标值每低于目标值 3% 扣 1 分，扣完为止。

5）分数：5 分。

6）支撑材料：节水型企业（单位）名录（含名称、创建时间、用水量等）、命名文件等证明材料。

备注：节水型企业（单位）是指满足市级或区级《北京市节水型企业（单位）考核办法》要求，通过验收的企业（单位）；辖区内企业（单位）总用水量是指工业、建筑业、服务业和园林环卫新水用量，不含农业用水、居民家庭用水、河湖补水和农村生态环境用水。

7）指标计算公式为

$$节水型企业（单位）覆盖率（\%）=\frac{节水型企业（单位）新水用量}{辖区内企业（单位）新水总用量}\times 100$$

8）数据出处：节水型企业（单位）新水用量（万 m^3）——北京市节水管理信息系统；辖区内企业（单位）新水总用量（万 m^3）——北京市节水管理信息系统。

6. 节水型社区（村庄）覆盖率

1）分类：基础指标。

2）目标值：20%。

3）考核内容：节水型社区（村庄）的实际创建数量占社区（村庄）总数的比例。拟拆迁的村庄不计算在内。

4）评分标准：指标值不小于目标值，得满分；指标值每低于目标值 2% 扣 1 分，扣完为止。

5）分数：5 分。

6）支撑材料：①节水型社区（村庄）名录（含名称、所在社区、街道或乡镇、居民户数）、批复命名文件或挂牌证明材料；②全区居民总户数（不含已拆迁或拟拆迁村庄）相关证明材料（如年鉴相关页复印件）。

备注：节水型小区是指满足《北京市节水型居民小区考核办法》要求，通过创建验收的小区；节水型村庄是指满足《节水型村庄创建标准（试行）》要求，通过创建验收的村庄，含循环水务建设村庄。

7）指标计算公式为

$$节水型社区（村庄）覆盖率（\%）=\frac{节水型社区（村庄）居民户数}{辖区内社区（村庄）居民总户数}\times 100$$

8）数据出处：节水型社区（村庄）居民户数信息——各区提供；辖区内社区（村庄）居民户数信息——各区统计资料。

7. 万元地区生产总值新水用量年下降率

1）分类：技术指标。

2）目标值：4%。

3）考核内容：每万元地区生产总值新水用量的年度下降率。

4）评分标准：①当万元地区生产总值新水用量大于全市平均值的 50% 时，年下降率不小于 4%，得 15 分，每降低 1% 扣 5 分，不足 1% 时按相应比例计算，扣完为止；②万元地区生产总值新水用量不大于全市平均值的 50%，且较上一年度有所下降，得 12 分，否则不得分。

5）分数：15 分。

6）支撑材料：统计年鉴相关页复印件或统计部门证明材料。

备注：优先采用统计部门数据。

7）指标计算公式为

$$万元地区生产总值新水用量年下降率（\%）=（\frac{新水用量发展速度}{地区生产总值发展速度}-1）\times 100$$

$$新水用量发展速度（\%）=\frac{当年新水用量}{上年新水用量}\times 100$$

8）数据出处：新水用量（万 m^3）——《北京市水务统计年鉴》；地区生产总值发展速度（%）（按可比价计算）——各区统计局。

8. 人均生活用水量

1）分类：技术指标。

2）目标值：220L/（人·d）。

3）考核内容：区人均居民家庭和公共服务用水量。

4）评分标准：指标值不大于目标值，得满分；每高于目标值 5 L/（人·d）扣 1 分，扣完为止。

5）分数：10 分。

6）支撑材料：统计年鉴相关页复印件。

备注：生活用水量以北京市节水管理信息系统为准。

7）指标计算公式为

$$人均生活用水量[L/(人\cdot d)]=\frac{年度生活用水总量}{年度常住人口数\times年日历天数}\times1000$$

$$年度常住人口数（万人）=\frac{当年年底常住人口+上年年底常住人口}{2}$$

8）数据出处：生活用水量（万 m^3）——北京市节水管理信息系统；常住人口（万人）——区统计年鉴。

9. 主要工业行业用水定额达标率

1）分类：技术指标。

2）目标值：100%。

3）考核内容：主要工业行业用水定额达到国家标准。

4）评分标准：符合《中华人民共和国国家标准：取水定额》（GB/T 18916—2004）中主要行业定额的标准，得 5 分，每有一个行业取水指标超过定额扣 1 分，扣完为止。

5）分数：5 分。

6）支撑材料：各区经信部门出具的工业企业用水定额证明材料，包括每种行业的用水指标和是否达到定额的结论。

7）指标计算公式为

$$主要工业行业用水定额达标率（\%）=\frac{达到用水定额的行业数量}{辖区内主要工业行业数量}\times100$$

8）数据出处：达到用水定额的行业数量（个）——区经信部门；辖区内主要工业行业数量（个）——区经信部门。

10. 城镇节水器具普及率

1）分类：技术指标。

2）目标值：100%。

3）考核内容：公共机构和居民生活用水使用节水器具数占总用水器具的比例，节水器具（含改造措施）包括节水型水龙头、便器和淋浴器。

4）评分标准：指标值不小于 98%，得满分；指标值低于 98%，城六区每降低 0.5% 扣 1.5 分，郊区每降低 0.5% 扣 1 分，扣完为止。

5）分数：10 分。

6）支撑材料：①节水器具推广情况相关说明材料；②第三方调查机构资质、调查报告，其中调查报告必须包括调查样本范围、抽样方式与比例（户数不低于 2‰）、结果测算等内容。

备注：各区自行聘请第三方机构进行抽样调查，得到现状值，考核时对调查报告进行复验。复验合格以调查结果为准，否则不得分。

11. 绿地林地及农业节水灌溉面积比率

1）分类：技术指标。

2）目标值：98%。

3）考核内容：城市园林绿地和“两田一园”范围内微灌、喷灌、管灌等节水灌溉工程控制面积占灌溉面积的比例。

4）评分标准：指标值不小于目标值，得满分；指标值每低于目标值1%扣1分，扣完为止。

5）分数：10分。

6）支撑材料：园林绿地、农业灌溉面积及节水灌溉面积统计资料复印件或证明材料。

备注：园林绿地包括公园绿地与道路绿地，不包括山上林地及常年不浇灌的草地；园林绿地节水灌溉方式有管灌、滴管、喷灌等；农业灌溉面积指“两田一园”——粮田、菜田、果园的灌溉面积；农业节水灌溉方式包括滴管、喷灌、低压管灌、渠道防渗和其他节水灌溉措施。

7）指标计算公式为

绿地林地及农业节水灌溉面积比率（%）

$$=\frac{\text{园林绿地节水灌溉面积}+\text{“两田一园”节水灌溉面积}}{\text{园林绿地灌溉面积}+\text{“两田一园”的总灌溉面积}}\times 100$$

8）数据出处：园林绿地灌溉面积、园林绿地节水灌溉面积（hm^2）——区统计资料或园林部门证明材料；农业灌溉面积及农业节水灌溉面积（hm^2）——《北京市水务统计年鉴》。

（三）北京市节水考核评定流程设计

1. 考核方式

节水型区创建考核评定工作由北京市节水型社会建设协调小组（以下简称“市协调小组”）牵头，市协调小组办公室设在市水务局，由市水务局具体负责组织实施工作，每年进行一次。

2. 申报条件

各区政府须按《节水型区创建考核评定办法》要求对本区节水工作情况进行自评，自评总分达90分以上（含90分）的区，方可申报。

3. 申报时间

节水型区考核评定工作每年进行一次，申报材料须在每年的6月30日前提交。

4. 申报程序

各区的申报程序包括自评、材料提交、考核评定3个部分。

5. 申报材料

申报区应按申报要求准备申报材料（具体要求见附录《北京市节水型区创建考核工作指南（试行）》之“四、考评申报材料”），并在要求的申报时间前提交至市协调小组办公室。

6. 考核评定组织管理

为保障考核评定的专业性和公正性，成立节水型区考核评定专家委员会（以下简称“考评委员会”）。考评委员会由市协调小组负责组建，其成员由管理人员和技术人员组成。

考评委员会负责申报材料初审、技术评估、现场考核及综合评审等工作。

申报区要实事求是地准备申报材料，数据资料要真实可靠，不得弄虚作假。若发现造假行为，取消当年申报资格。申报区要严格按照有关廉政规定协助完成考核工作。

7. 考核评定程序

考核评定程序为：申报材料初审→技术评估→现场考核→综合评审→公示→批准命名。

（1）申报材料初审。考评委员会对申报材料进行初审，形成初审意见，发现材料不实的，取消申报资格。

（2）技术评估。考评委员会对通过初审的区进行技术评估，形成评估意见。

（3）现场考核。对通过技术评估的区，市协调小组将组织现场考核组进行现场考核。申报区至少应在考核组抵达的前两天，在主要媒体上向社会公布。现场考核主要程序如下。

1）听取申报区的创建工作汇报。

2）查阅申报材料及有关原始资料。

3）现场随机抽查节水设施、节水型单位（企业）和节水型社区（村庄）的节水措施落实情况，以及节水器具推广应用情况（抽查企业、单位、居民小区、村庄各不少于3个）。

4）考核组专家成员在独立提出考核意见和评分结果的基础上，经考核组集体讨论，形成考核意见。

5）就考核中发现的问题及建议进行现场反馈。

6）现场考核组将书面考核意见报市协调小组。

（4）综合评审。市协调小组根据技术评估意见和现场考核意见，审定通过考核的区名单。

（5）公示及批准命名。综合评审审定通过的区名单及其创建工作基本情况将在北京市人民政府门户网站——首都之窗上面进行公示，公示期为30天。公示无异议的，报市政府批准后，命名为“节水型区”。

8. 复验工作及动态管理

复验自命名之日起每三年进行一次。获得“节水型区”称号的区，在非复验年度，须按要求每年向市水务局上报上一年度节水工作数据及工作报告，材料上报截止日期为当年的6月30日。

在复验年度，须按规定上报被命名为“节水型区”（或上一复验年）以后的节水工作总结、数据表，以及表明达到节水型区有关要求的各项汇总材料和逐项说明材料，并附有计算依据的自查评分结果。复验程序如下。

（1）复验年的6月30日前，待复验区将自查材料上报市水务局后，由市协调小组组织考评委员会进行技术评审，形成评审意见。

（2）市协调小组根据评审意见，组织考核组对待复验区进行现场抽查，形成现场考核意见。

（3）市协调小组根据评审意见和现场考核意见，确定通过复验的区名单。

（4）对经复验不合格的区，市协调小组将给予警告，并限期整改；整改后仍不合格的，撤销“节水型区”称号，须重新开展节水型区创建工作并限期达标。

对不按期申报复验、连续两次不上报节水统计数据或工作报告的区，撤销“节水型区”称号，须重新开展节水型区创建工作并限期达标。

9. **考评申报材料**

（1）申报材料包括：①节水型区创建工作组织与实施方案；②节水型区创建工作总结；③申报数据表；④节水型区创建自评报告；⑤各项指标支撑材料及说明；⑥节水型区创建工作影像资料；⑦其他能够体现各区节水工作成效和特色的资料。

（2）申报材料要求：①书面申报材料一式四份，并附电子版一份，书面材料要加盖各区政府或区协调小组公章；②材料要全面、简洁，各项指标支撑材料的种类、出处及统计口径要明确、统一，有关资料和表格填写要规范；③每套材料按节水型区创建工作组织和实施方案、节水型区创建工作总结、申报数据表（指标汇总表、基础数据表、取水定额表）、自评报告、各项指标支撑材料等顺序排列，并装订成册。

10. **附加说明**

（1）考核时，将11项指标的年度数据范围按照“过程指标”和“累计指标”进行区分。

过程指标反映节水工作的过程管理情况，需要考核每年完成情况。其中执法检查覆盖率、“三同时”制度落实率、节水设施正常运行率、人均生活用水量4个指标考核2016年至申报年每年的达标情况；节水型社会建设投入水平和万元地区生产总值新水用量年下降率两个指标考核2016年至申报年的平均达标情况。

累计指标反映节水工作的累计管理情况，只需考核申报年上一年度的指标完成情况，包括计划用水覆盖率、节水型企业（单位）覆盖率、节水型社区（村庄）覆盖率、主要工业行业用水定额达标率、城镇节水器具普及率、绿地林地及农业节水灌溉面积比率。

（2）各区自2017年起，每年6月30日前提交上一年度的申报数据表，以便申报年评估相关过程指标达标情况，若数据缺失，按照指标不达标处理。

根据以上研究成果，北京市水务局于2017年3月20日印发《北京市节水型区创建考核工作指南（试行）》（详见附件），用于指导全市节水型区创建和节水型社会建设工作。

三、北京市节水型社会建设成效

（一）北京市节水型区创建情况

按照《关于全面推进节水型社会建设的意见》《北京市“十三五”时期节水型社会建设规划》的要求，具体参照《北京市节水型区创建考核工作指南（试行）》，2017年，东城区、西城区、平谷区率先完成节水型区创建并通过市水务局考核评定验收工作，其节水型区创建自评赋分见表4-24。3个区在完成节水型区考核11项标准外，还针对自身特点，开展了区域特色节水工作。

1. **东城区节水创新工作**

东城区在节水实践中，不断创新工作方式和方法，借力非首都功能疏解，以城市网格化管理为基础，通过加强落实最严格水资源管理制度、加大城市环境综合整治、推进河湖生态环境治理等有针对性、有实效性、有特色的措施，以全社会共同参与、创造良好的节水环境为目标，全面深入推进节水型区创建工作，不断提高全区节水型社会建设水平。

表 4-24　东城区、西城区、平谷区节水型区创建自评赋分

序号	指标	考核内容	目标值	自评值		
				东城区	西城区	平谷区
1	节水管理基础工作	各区政府每年至少专题研究一次节水工作，并制定节水型区创建年度工作计划	√	√	√	√
		建立科学合理的节水统计队伍，定期上报本区节水统计报表	√	√	√	√
		执法检查覆盖率 /%	100.00	100.00	93.73	100.00
		制定并落实节水规划	√	√	√	√
		建设项目节水“三同时”制度落实到位	√	√	√	√
2	节水型社会建设投入水平 /‰	节水设施建设及运营维护、节水器具推广、技术研发、节水管理、节水宣传等节水投入占当年财政支出的比例	2.00	3.74	2.63	4.38
3	计划用水覆盖率 /%	纳入计划管理的非居民用水户实际新水用量占非居民新水总用量的比例	95.00	100.00	95.30	100.00
4	节水设施正常运行率 /%	节水设施全年运行正常，管理制度健全，用水台账完备。节水设施正常运行率为当年度正常运行的节水设施数量占节水设施总量的比例	100.00	100.00	100.00	100.00
5	节水型企业（单位）覆盖率 /%	节水型企业（单位）年用水量占辖区内企业（单位）总用水量的比例	40.00	40.84	40.45	77.62
6	节水型社区覆盖率 /%	节水型社区的实际创建数量占社区总数的比例。拟拆迁的村庄不计算在内	20.00	53.46	71.35	30.41
7	万元地区生产总值新水用量年下降率 /%	每万元地区生产总值新水用量的年度下降率	4.00	8.25	8.16	6.81
8	人均生活用水量 /［L/（人·d）］	区人均居民家庭和公共服务用水量	220.00	197.55	190.25	204.50
9	主要工业行业用水定额达标率 /［L/（人·d）］	主要工业行业用水定额达到国家标准	100.00	—	—	100.00
10	城镇节水器具普及率 /%	主要工业行业用水定额达到国家标准	98.00	98.80	99.50	98.60
11	绿地林地及农业节水灌溉面积比率 /%	居民生活用水使用节水器具数占总用水器具的比例，节水器具（含改造措施）包括节水型水龙头、便器和淋浴器	100.00	100.00	100.00	99.99

注：“√”表示落实到位，“—”表示不涉及。

（1）借力非首都功能疏解促进行业节水。东城区坚持节水优先，立足非首都功能疏解，促进各行业节水。制定严格的存量产业调整退出目录，推动高耗水行业疏解退出，在全市率先提出存量产业的调整退出目录、高精尖产业结构指导目录，其中对于水耗等指标实行“一票否决”；借力非首都功能疏解手段，加强人口调控和疏解，推动服务业转型升级，加大城市环境整治，从而减轻生活用水压力。

从疏解效果来看，东城区是全市唯一实现常住人口和户籍人口“双下降”的区，常住人口从2015年的90.5万人下降到2016年的87.8万人。从居民家庭用水量来看，2016年比2015年减少8.6%，这是自2012年以来首次出现下降。

（2）促进节水工作网格化管理。2004年，东城区创造性地将网格理念应用到城市管理中，建立了城市网格化服务管理模式。东城区共划分出592个基础网格和2322个万米单元网格，400多名网格监督员每天在各自所辖网格内进行不间断巡视，实现了责任精细化。2014年，东城区整合各类资源，将96010为民服务热线、12345非紧急救助热线、人民网地方政府留言板、政风行风热线、政府微博微信、媒体舆情和领导批示等公众诉求渠道纳入网格化服务体系。东城区在节水工作中积极借助网格化管理平台，网格监督员、公众一旦发现用水浪费等问题，即可通过96010为民服务热线上报网格化管理平台，网格化服务中心人员随即将问题整理归纳送到区城管委节水办或街道办事处进行处理，有效提升了行政服务效能和群众满意度，提高了公众对节水工作的监督和参与程度。

（3）建立良好的部门节水联动机制。节水型区创建和节水型社会建设工作不是某个部门、某个领域单独承担或完成的工作，而是涉及全区各个行业、各个部门和街道，因此，为全面推进各项节水工作，由区城管委牵头，节水型社会建设协调小组参与，通过政务网互通信息、会议研讨、微信群交流等形式，建立良好的部门联动机制，有力保障了全区各个行业、各个部门均参与节水型创建和节水型社会建设，实现人人有意识、人人有责任、人人有义务，有力保障了节水工作的顺利开展。

（4）实行节水工作环节精细化管理。东城区在推进节水型社会建设工作过程中，找准节水工作的着力点，不断采取各种措施，实现节水工作精细化管理。

对计划用水户实行精细化管理。中心城区计划用水户多达5000户，且小商铺、小门店非常多，更新流动快，因此漏管表、漏管户问题是计划用水管理的重中之重。为准确了解所有漏管表的信息，及时更新计划管理用户数据库，东城区委托专业的第三方单位，对漏管表逐一进行核实、数据录入，以保证中心城区计划用水管理制度的有效实施。

节水执法检查工作是东城区节水工作的一大难题，同样是计划管理用户较多，在执法检查人员有限的情况下，东城区加大节水执法检查培训，与街道、社区联合，对年用水量超过6000m^3的大户逐一进行检查，实现用水大户、特殊行业用水户检查全覆盖，而对其余用水户则采用问卷调查、用水举报等方式控制其用水量。

对节水设施运行实行精细化管理。按照北京市的要求，东城区每年都会建设一定数量的节水设施，为全面了解节水设施的运行状态，设施是否正在运行、能否正常运行，是否有管理制度、管理人员，以及产权单位和管理单位是否明确等，东城区对照已掌握的节水设施名录逐一进行核查，对于正在运行的设施总结其管理经验，能够正常运行的设施给予指导管理，在提高节水设施运行效率的同时，进一步提升了薄弱环节的管理水平。

（5）全面了解居民节水意识情况。东城区的用水量除集中在服务业外，最主要的“用水大户”是居民家庭，而且无计划用水管理，仅实行了指导性用水管理。在经济社会不断发展、居民生活水平质量不断提升的前提下，居民用水控制是中心城区面临的一大难题，除了非首都功能疏解这一战略政策外，主要靠居民自觉节水。因此，为全面了解居民的节水意识情况，寻找有效的节水方式，东城区借助居民节水器具普及率入户调查，在调查问卷中加入相关节水意识和行为的题目，如能接受什么样的节水宣传方式、对购买节水器具的意愿如何、能提供哪些节水建议等，以便调查结果能为全区节水工作提供参考和依据。

（6）打造全社会参与的节水文化环境。节水型社会建设工作的主要目标是通过各种措施创造良好的服务环境，打造全社会共同参与的节水文化，提高公众的节水文化素养。因此，东城区通过不断创新节水宣传形式，营造处处节水、人人节水的文化氛围。

与北京市自来水博物馆、东城区园林局、东城区文委联动沟通，建立北京市自来水博物馆节水教育基地、南馆公园节水教育基地、东城区图书馆节水教育基地，在水情教育、节水教育的方式和方法上下功夫，把“节水优先”的思想宣传到位，把节水理念推广到位，为青少年提供了生动直观、特色鲜明、功能多样的节水宣传教育场所。

将节水理念融入中小学生生活实践中。中小学校不仅通过节水展板、节水演讲、节水读物普及等形式或方法宣传节水理念，而且注重节水行为的培养。中小学校老师布置学生暑期作业——节水行为教育实践，如在便器水箱中放入装满水的可乐瓶实施节水，每天节约 1 瓶水，测算整个暑期可节约多少水，进而学会认识水表，量化节水水量，培养节水习惯。

将节水宣传纳入精神文明建设体系。通过举办“低碳节俭共享蓝天”主题道德讲堂活动，组织干部、群众学习水资源法律法规和低碳生活知识，普及节水理念，形成人人参与节水治水、低碳节俭的良好氛围。

连续举办五届水文化节。通过表彰“节水达人”、做游戏、书画等形式开展节水宣传，向群众传递绿色节能、健康用水正能量，进一步增强保护生态环境的理念。

将节水文化与中华民族优良传统文化结合起来。如在母亲节来临之际，组织小朋友用彩笔绘画以“节水”为主题的爱心亲子 T 袖衫，送给辛勤付出的母亲，借此树立孩子节水理念，同时以爱心亲子 T 袖衫作为母亲节的礼物，不仅将节水理念带入家庭，而且增添了亲子互动。

2. **西城区节水创新工作**

（1）因地制宜，自主设计，以节水促节能。西城区通过创建节水型企业（单位），以典型进行示范带动，并指导各单位因地制宜，通过自主研发和设计，以节水工作促进节能措施，有力推进了西城区节水型社会建设，涌现出一批优秀的自主节水节能企业（单位），如北京师范大学第二附属中学、北京市工业设计研究院、大唐国际发电股份有限公司等。

（2）自主研发“西城区用水计划管理信息系统”，实现了智慧水务的管理雏形。西城区用水管理用户多，节水工作人员少，在此情况下，为提高 4700 余用水户计划指标下达、双月计划考核、单月预警告知等工作的效率，2016 年，西城区开发研制了“西城区用水计划管理信息系统”，并于 12 月通过专家评审后正式投入运行，成为北京市首个实现计划用水管理工作自动化、信息化和精细化的区。

“西城区用水计划管理信息系统”有以下作用：①针对西城区自来水管网的实际情况，对年度计划下达情况和实际用水量进行分析，掌握用水动向；②计算双月加价水费、单月预警后通过西城区政府信息平台发布短信通知书，及时通知各用水单位是否产生超计划用水；③增加双月加价收缴统计管理功能，针对银行回单及时获取各个时段的加价收缴明细，生成二次催缴单并再次发布短信通知书，通知未缴纳加价水费的用水户；④建立区水务短信平台，面向全区各用水单位发布短信通知书，通过短信平台向各用水单位传达和反馈相关信息，实现了智慧水务的管理雏形。

（3）扎实推进节水技术改造。西城区平房院居民用水管网是城市供水管网的重要组成部分，由于供水管线老化、渗漏和水压不足，产生了居民用水不便、用水浪费和水费收缴矛盾等问题。为此，自 2005 年开始进行平房院一户一水表改造，共计免费完成 10.2 万户任务，全面实现自来水入户到家、分户计量收费的目标，提高了供水效率，保障了供水水质，是一项改善民生的重要举措。

（4）建立特色节水管理机制。①实现节水办窗口“一窗受理”政务服务模式，为全面落实国务院“放管服”改革的要求，西城区政府继续深化行政审批制度改革，持续提升政府为民服务能力，西城区综合行政服务中心（节水办窗口）进一步推行了“一窗式”受理模式，该模式通过“前台综合受理、后台分类审批、统一窗口出件”，基本实现了政务服务“一号咨询、一窗受理、一网通办”；②充分整合西城区政府服务资源，推行“清单式”受理，实行标准化“流水线”作业，实现了办事服务的内部流转，有效解决了部门办事流程不规范、受理标准不统一等问题，提高了服务效率，节省了办事人的时间。

纳入第一阶段“一窗式”模式的部门共有 5 个，即残疾人联合会、商务委员会、统计局、市政市容管理委员会和节约用水办公室。由于区政府对节水工作高度重视，加之节水管理工作信息化的需要，节水办成为唯一以科级单位进驻服务窗口的部门。节水办通过该窗口办理节水行政许可，受理社会单位增水申请，利用该信息系统将传统纸质办公模式转变为信息化办公，实现节水行政许可网上申报、审批，大大提高了节水办的工作效率，降低了人力成本。

西城区行政许可“一窗式”流程图如图 4–2 所示。

西城区坚持节水培训一贯制。西城区重视节水培训工作，多年来坚持贯彻节水政策法规标准，持续强化节水型企业（单位）、节水型社区创建、执法检查和计划用水管理等培训工作。培训对象包括 15 个街道办事处、9 个系统（区属企业）主管的节水领导和节水管理员，从基础资料收集、执行过程、注意事项等环节详细解读和传达，为提高节水管理基础工作水平奠定了坚实基础，促进了节水管理单位与用水户的沟通互动。

西城区打造基层节水典型管理模式。西城区充分发挥各街道的节水管理主体责任，打造有特色的基层管理模式。以什刹海街道为例，什刹海街道政、文、商、旅、居五大功能重叠，一是该区域用水单位多、流动性大、用水量大、季节变化明显，且存在房屋一房多租、水表一表共用的现象；二是该区域军事机构多、中央机构多，用水服务保障要求高；三是该区域文保单位级别高、密度大，文保单位房屋建筑年代久远，自来水管线老化，容易发生跑冒滴漏问题，且房屋产权复杂，用水管理工作协调难度较大。什刹海街道用水典型，节水管理任务重，标准要求高。

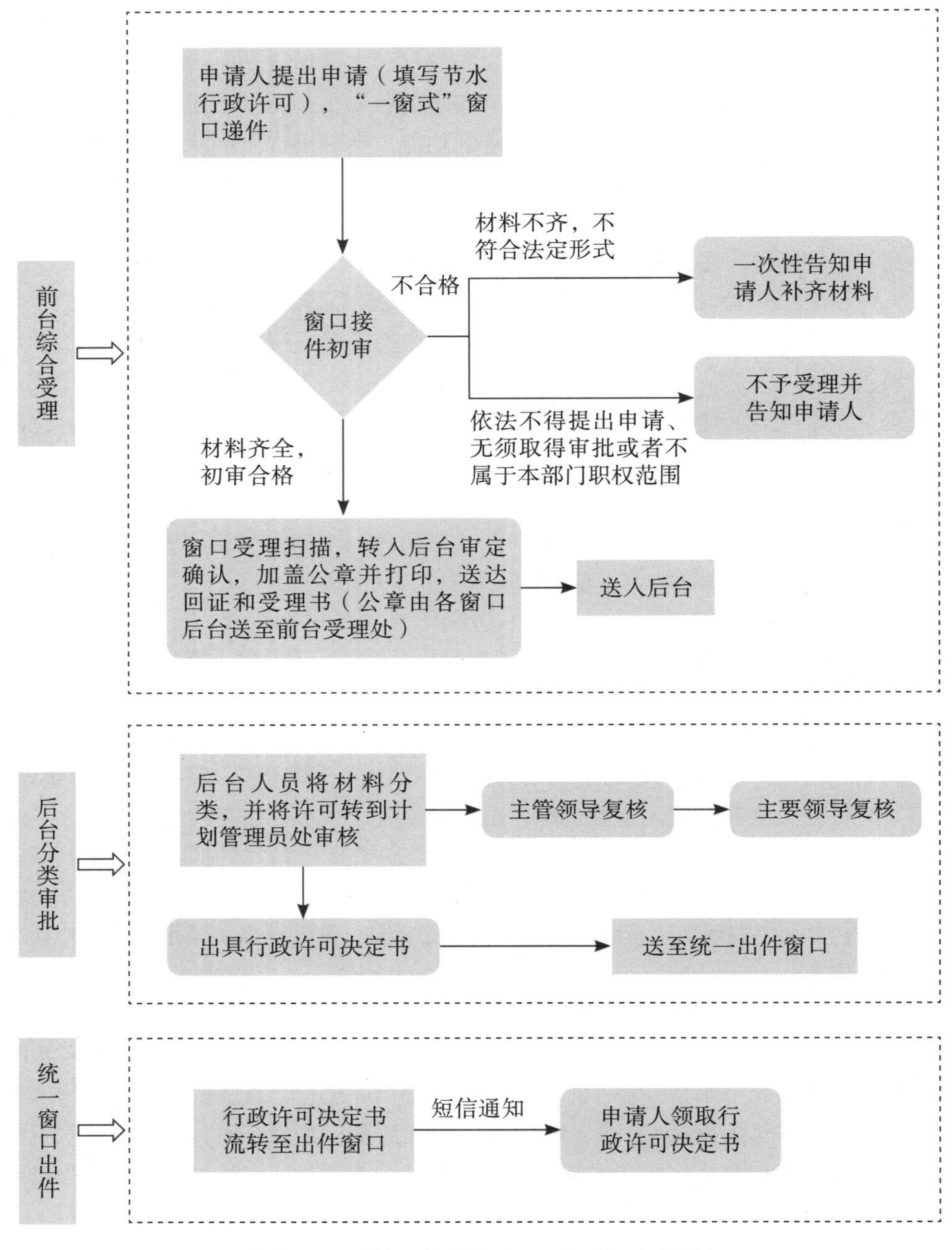

图 4-2　西城区行政许可“一窗式”流程图

（5）推进西城区智慧水务数字化平台建设，完善全区用水户的水表数据监测体系。区级节水信息系统的建立，为“智慧西城”水务工作奠定了坚实的计划管理数据基础，除计划用水系统模块外，西城区通过智慧水务数字化平台对辖区内 50 余万块水表（含远程水表）进行技术对接，以此分析行业用水特点，为政府功能疏解提供强有力的大数据支撑，科学地提升节水工作社会管理和公共服务水平。

（6）增加取水口，扩大再生水在环卫绿化中的应用。西城区原有 3 个再生水取水口，均位于南护城河沿线，西城环卫和丰台环卫同时使用，经常发生排队等待加水的现象。按照《北京市进一步加快推进污水治理和再生水利用工作三年行动方案（2016 年 7 月—2019 年 6 月）》的工作要求，2016 年开始，西城区政府与北京市排水集团签订战略合作协议，大力推进再生水取水口建设。

2017 年，西城辖区内共新增 8 处加水点项目，分别是陶然花园酒店取水口、陶然亭公园南门取水口、英大财险大楼取水口、消防博物馆取水口（2 个）、通河巷取水口、荣宁园小区取水口和核桃园西街取水口。建成后，西城园林、环卫中心与排水集团对接，可以使用所有新增再生水取水口，同时铺设中水管线 6.8km，用于园林绿化、道路喷洒的水量大幅增加，从而进一步节约宝贵的新水资源。

（7）加大雨洪水综合利用，推进海绵城区建设。西城区以海绵城市建设为契机，编制《西城区海绵城市建设规划》《西城区海绵城市建设年度实施方案》《西城区水资源承载能力评价》，制定《西城区雨水利用工程建设管理办法》，规范雨水利用工程的建设、验收、运行和维护。

自 2001 年在北京市建设首例雨水利用工程后，雨水利用工程建设已成为西城区政府的常态工作，每年区财政投入专项资金有效推进雨水利用工程。2016 年，区财政投入资金 3100 万元，实施 26 项雨水利用工程，共铺设透水砖 2 万 m^2，雨水收集 $1500m^3$；投入资金 600 万，在报国寺公园和西城区教育研修学院建设了海绵城市示范工程，其中报国寺公园铺装透水砖 $1080m^2$，西城区教育研修学院铺装透水砖 $3856m^2$，建设下凹式绿地 $750m^2$，建设 $100m^3$ 蓄水池一座，改造雨水管线 320m，进一步加快了西城区海绵城市建设的步伐。

3. 平谷区节水创新工作

（1）中水洗车配送实现城区全覆盖。平谷区自 2014 年开始组建洗车站点中水运输车队，向全区各个洗车站点配送中水。按照有关规定，洗车行业用新水的水价为 160 元 /t，为鼓励洗车户使用中水，中水价格由原来每吨 10 元降为 2 元，且不用支付运输费用，运输费用由区政府负责，价格杠杆提升了洗车业使用再生水的积极性。自 2015 年开始，平谷区把中水配送项目列入区财政日常开支，实现中水配送洗车常态化、规范化。目前平谷区在北京市率先实现城区中水洗车全覆盖，经估算，一年可节约新水 2.5 万 t，相当于一个 700 人的中等村庄一年的生活用水量。这些政策和制度激发了广大洗车商户进行水源置换、技术改造的积极性，加大了水循环的力度，节约了水资源，缓解了首都水资源短缺的压力。

（2）构建完善的节水制度保障体系。根据平谷区节水工作的实际管理需求，平谷区结合自身实际情况出台了切实有效的节水管理制度与政策，稳步提高了节水管理的水平。

随着社会经济的发展，违法用水问题呈现出多元化和多发态势，对依法治水管水提出新的要求。为更好地开展执法监督工作，平谷区制定了《平谷区“用水监管联合执法”工作方案》，成立了由水务、工商、公安、城管、环保、规划、乡镇、街道等单位组成的用水监管联合执法领导小组，建立长效的用水监管联合执法机制，严厉查处洗车、洗浴、纯净水等行业私接居民自来水或盗采地下水行为，对特殊行业用水户进行专项检查，专项整治非法洗车。这为及时发现、遏制和查处各种违法行为发挥了积极作用，有效改善了水行政执法过程中人力资源不足和执行力度不够的状况，完善了水行政违法案件的执法程序，推进了依法治水的进程，保障了良好的水事秩序。

为加强洗车、洗浴、高尔夫球场、滑雪场等特殊行业的用水管理，规范特殊行业用水行为，平谷区制定了《平谷区特殊用水行业节约用水管理办法》，要求特殊行业用水单位或个人必须采取节水措施，实行计划用水管理，严格执行特殊行业水价和超计划累进加价水资源费制度，建立内部用水管理制度和台账，并单独装表计量。这样对特殊用水行业的监管做到了有法可依。

为进一步推进节水型社会建设，促进创建节水型单位（企业）、居民小区、村庄工作全面开展，平谷区制定了《平谷区创建节水型单位（企业）、居民小区、村庄考核奖励暂行办法》，按照单位类型与用水规模，以当年实际用水量核定奖励等级，验收达标的小区和村庄依据居民户数、现有居住人口数核定奖励等级。2016 年，对 30 家创建节水型单位（企业）给予 183 万元的资金奖励，限制该资金用于与开展创建相关的费用支出，不得作为管理人员奖励支出，并要求此项资金的使用情况须在本单位内部予以公示。综合运用经济手段科学推动全区节水载体创建工作，激发全民参与的热情。

（3）持续开展百户家庭节水评选。自 2015 年开始，平谷区持续多年开展百户节水先进家庭评选活动。由区宣传部牵头，区文明办、区妇联、区水务局、区社会工委共同组成评选小组，按照约 2‰的比例，在城区 40000 余户家庭中评选出 100 户节水先进家庭代表。为保证评选活动公开、公平、公正，评选领导小组分别制定刷牙、洗脸、洗菜、洗餐具、洗澡、洗衣服、冲便、擦地、使用节水龙头、一水多用等项评选标准，形成了全民参与节水型社会建设的良好氛围。

（4）开展居民家庭阶梯水价节水奖励试点活动。2015 年，进行居民家庭阶梯水价节水奖励试点工作，社区 907 户家庭参与，按常年家庭平均人口年用水量进行评选，分两个档次，每人每月按 3m^3 计算，每少用 1m^3 奖励 1 元，如达到每人每月用水量少于 2m^3，每 1m^3 奖励 2 元。经过 3 个月的试点，共计发放奖励资金 2 万元，节水 1.1 万 m^3，节水实效显著。

（5）免费发放节水龙头限流器。2015 年，平谷区政府免费为社区居民换装节水型坐便器和花洒。2017 年，平谷区投资 80 万元为 20000 户居民家庭免费发放节水龙头限流器 40000 套。节水龙头限流器每分钟能节约 1L 水，每个家庭按照 3 口人计算，每人洗漱 5 分钟，每天 1 个家庭能节约 15L 水，每月能节约 450L 水。节水的同时又能省钱，利国利民，此项活动受到居民的一致好评。

（二）北京市节水型社会建设成效

北京市深入落实“节水优先”战略，开展节水型区创建工作，随着东城区、西城区、平谷区 3 个区成为第一批节水型区，全市节水型社会建设各项工作顺利推开。在此基础上，北京市出台用水精细化管理工作指导意见，试点探索用水“计划到村、管理到户、统计到乡镇”；加快落实“两田一园”高效节水方案，近 2000 个村完成农业水价综合改革；制定城镇非居民用水超定额累进加价实施办法，促进高耗水、高污染企业加快退出。

从制度建设来看，北京市建立了市、区两级节水型社会建设制度体系，确定了节水型社会建设目标，制定了实施方案和具体任务，配套了监督节水型社会建设情况的工作指南，并从管理机构、管理人员、管理途径等方面进行了统筹和安排。

从管理手段来看，根据制度体系框架，北京市以节水型区创建为途径，强化落实计划用水管理，对农业、工业、服务业、生活用水户进行计划用水或指导性计划用水管理，计划用水覆盖率达到92.7%（以水量计，不包括居民和农业用水量），做到用水总量控制、用水指标合理配置、用水过程精细化管理。

从技术手段来看，市、区两级通过海绵城市建设、非常规水源利用、农业用水信息化技术、管道精细化计量技术、区域用水远程监测技术等，不断推进新概念、新技术、信息化手段在节水领域里的创新与应用，提高了全市节水管理效能。

从公众参与来看，通过中小学教育、节水教育基地建设、节水文化打造、节水典型示范等形式，构建全民参与、全民节水的节水新风尚。全市累计创建节水型企业（单位）、社区（村庄）12000多个，节水型企业（单位）覆盖率达到25.83%，节水型社区（村庄）覆盖率达到34.01%，节水载体覆盖率不断提高。

2017年与2014年相比，北京市万元地区生产总值用水量由17.58m^3下降到14.10m^3，下降了19.8%；万元工业增加值用水量由13.61m^3下降到8.19m^3，下降了39.8%；规模以上工业用水重复利用率由89.10%提高到95.70%；农田灌溉水有效利用系数由0.71提高到0.73；城镇居民家庭节水器具普及率由96.10%提升到99.30%；农业、工业用水量分别下降了38%和33%，生活用水有效得到控制，环境用水逐步提高（31.7%），用水结构进一步优化。从全国节约用水办公室发布的全国用水效率各项指标来看，北京市达到全国领先水平，节水成效显著。

北京市节水型社会建设2014年、2017年和2020年指标对比见表4–25。

表4–25　北京市节水型社会建设2014年、2017年和2020年指标对比

序号	指标	2014年	2017年	2020年
1	万元地区生产总值用水量/m^3	17.58	14.10	＜15.00
2	万元工业增加值用水量/m^3	13.60	8.19	＜10.00
3	人均生活用水量/［L/（人·日）］	220.00	189.92	＜220.00
4	计划用水覆盖率/%	90.00	92.70	＞95.00
5	节水型企业（单位）覆盖率/%	25.83	—	＞40.00
6	城镇居民节水器具普及率/%	96.10	99.30	＞99.00
7	城市公共供水管网漏损率/%	15.18	11.60*	＜10.00
8	农田灌溉水有效利用系数	0.71	0.73	＞0.75
9	农业节水灌溉面积比率/%	87.80	—	＞98.00
10	农业灌溉机井计量设施覆盖率/%	50.00	—	＞98.00
11	园林绿地节水灌溉面积比率/%	—	—	＞98.00

注：指标取自《北京市“十三五”时期节水型社会建设规划》；2017年部分数据来源于《北京市水务统计年鉴》；“*”表示该数据为中心城区城镇公共供水管网漏损率，“—”表示无数据。

第五章

水功能区限制纳污制度

实行水功能区限制纳污制度，严格控制入河排污量，推动河湖生态系统修复，改善水环境。

第一节　水功能区限制纳污红线管理制度框架

水功能区限制纳污红线是通过控制管理水功能一级区或二级区的水质状况，考核某一水域水质状况、某一地区相关部门的水量减排情况，或者考核跨区域之间水质保护效果的综合性指标。该红线直接针对水环境纳污能力，能够保护水质，同时可以间接控制废水排放量，从而间接控制区域用水总量（占许珠，2017）。水功能区限制纳污红线的制度框架和主要措施如图 5-1 所示。

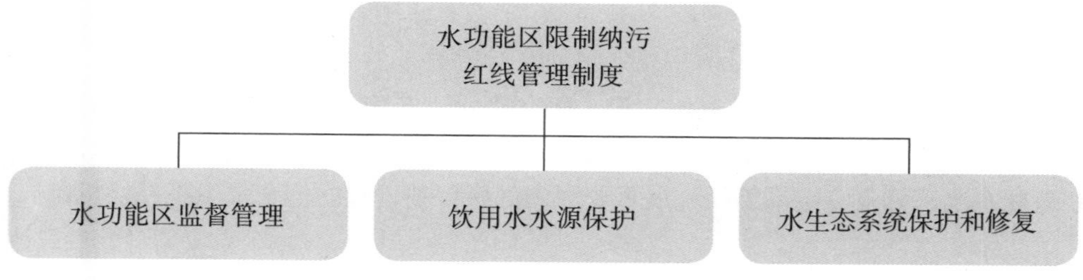

图 5-1　水功能区限制纳污红线的制度框架和主要措施

一、严格水功能区限制纳污红线管理

确定城镇污水处理量（率）、化学需氧量（COD）和氨氮削减量、各区考核断面水质为水功能区限制纳污红线控制指标。北京市水行政主管部门、环境保护主管部门会同相关部门将限制纳污红线控制指标分解到各区，各区政府依据考核指标制定治污减排计划并逐级落实责任制，纳入年度工作重点。

二、严格水功能区监督管理

完善水功能区监督管理制度，加强水功能区和区水质水量动态监测，建立水功能区水质达标评价体系。严格控制入河湖排污总量，加快污水处理厂升级改造，保障污水处理设施建设运行，规划新建或升级改造污水处理厂出水水质主要指标须达到国家地表水环境质量Ⅳ类标准。进一步提高城镇污水处理厂和工业企业排放标准，减少水污染物排放。加强对直接排入环境水体的工业企业废水的监管，确保重点污染企业稳定达标排放。强化入河湖排污口管理，对入河湖排污口出水超出水功能区水质标准的，要依法取缔并封堵。对无污水处理设施、工业废水直排环境的企业和已建污水处理设施但水污染物排放不达标的企业，由环境保护行政主管部门责令限期整改或依法责令关闭。严格排水许可管理，对重点排污企业实施在线监控。对排污量超出水功能区限排总量的地区，限制审批新增取水和入河湖排污口。

三、加强饮用水水源保护

按照管辖权限划定饮用水水源保护区，公布重要饮用水源地名录，建立饮用水水源地核准和安全评估制度。禁止在饮用水水源保护区内设置排污口，对已设置的，由区政府责令限期拆除。饮用水水源一级保护区内禁止建设与供水设施和保护水源无关的项目，禁止从事可能污染饮用水水体的活动。大力推广清洁生产，防治面源污染。强化饮用水水源应急管理，完善饮用水水源地突发事件应急预案，建立备用水源。

四、推进水生态系统保护和修复

编制北京市水生态系统保护与修复规划，对重要生态保护区、水源涵养区和湿地加强保护，继续推进生态清洁小流域建设。研究建立生态用水及河流生态评价指标体系，充分考虑基本生态用水需求，维护河湖健康生态。开展内源污染整治，推进生态脆弱河流和地区水生态修复。定期组织开展重要河湖健康评估，建立健全水生态补偿机制。

第二节　典型制度分析——水环境区域补偿

一、北京市水环境区域补偿制度建设背景

（一）北京市排水设施建设现状

北京市污水处理设施建设以举办奥运会为契机，取得快速发展。截至 2013 年年底，全市已建成大中型污水处理厂 42 座，污水日处理能力达 397 万 m^3。全市污水处理量为 13.09 亿 m^3，污水处理率为 84%，其中中心城区 96.5%，郊区 60%，在全国属领先水平。同时，随着城市快速发展和人口刚性增长，北京市污水处理和再生水利用工作面临新的问题和挑战，污水处理设施建设滞后于城市发展，污水处理能力不足，污水直排入河现象仍然存在。2012 年，中心城区每日有 54 万 m^3、郊区每日有 60 万 m^3 的污水直排入河。地表水环境质量状况不容乐观，城市下游地区大部分水体不达标。根据《北京市环境状况公报》，2013 年劣 V 类水质河长 952.5km，占全市监测河流总长度的 41.2%。

北京市污水处理设施是按照排水流域布局的，存在跨区处理现象，造成设施建设和运营费用负担在机制上尚存在不公平现象，主要表现如下。

（1）新建污水处理和再生水设施占地拆迁费用的负担显得不公平。根据规定，新建

污水处理厂征地拆迁费用由设施所在区政府承担，服务范围内的其他区则无须承担该项费用。

（2）污水处理设施占用土地多，且影响周边环境，导致土地所属区财政收入受到影响，且得不到补偿，显得不公平。

（3）污水处理价格长期不到位，2012年中心城区污水处理费存在大约13亿元的缺口，全部由市财政局补贴，造成全市补贴中心城区现象，显得不公平。

以上不公平现象造成北京市中心城区新建污水处理设施面临规划选址难、征地拆迁难，以及城乡污水处理公共服务不均等，影响了北京市水环境治理和减排目标的实现。

（二）北京市排水设施管理现状

1. 排水管理体制沿革

（1）管理体制。中华人民共和国成立后，采用集中统一管理体制。期间管理机构虽经6次调整，但以中心城区集中统一为主的管理体制没有改变。1949年，排水设施集中管理由北京市建设局负责，1950年，改为市卫生工程局，1955年，改为市上下水道工程局。1958年，北京市政府为适应首都雨污水设施建设和城市道路等基础设施建设发展的需求，将城市排水管网的建设、施工、养护管理划归市政工程局。1984年，由市政管理委员会负责城市排水设施建设与管理，市政工程局改制为市政工程总公司，仍对排水工程管理代行部分政府职能。

2004年，成立水务局，实现了从排水管网到污水处理与再生利用设施的一体化管理。2005年，各郊区相继成立水务局，实现了城乡水务的统筹管理。由此，北京市已形成中心城区集中统一与郊区属地管理相结合的管理体制。市水务局负责中心城区污水处理和再生水设施的运行监管工作；负责监督污水处理厂和再生水厂日常运营、出水水质达标工作；监督排水管线运营单位的日常维修养护工作；办理排水许可证，监管排水户排入公共排水管道的污水，使之符合标准。远郊区排水和再生水设施监管工作由各区水务局负责。

2010年开始实施的《北京市排水和再生水管理办法》进一步明确规定了城镇地区应当统一规划建设公共排水和再生水设施，做到雨污分流、厂网配套、管网优先，并与道路建设相协调，排水管网建设应当保证系统性。

（2）养护体制。2001年以前，养护队伍均为管理机构直属，管养不分。2001年排水集团成立后，开始逐步实行管养分离。

中华人民共和国成立后不久，北京市卫生工程局成立了直属专业养护机构——养护工程总队，对排水管道实行统一养护。1958年改为市政工程局养护管理处，1960年改为市政工程管理处。

1994年，北京市政府为利用世界银行等国际金融组织的贷款用于排水设施的建设，成立了北京排水公司。1999年，将原北京排水公司与高碑店、北小河、方庄等污水处理厂进行重组，2001年，改制组建了北京城市排水集团，负责中心城区的污水收集处理、再生利用及污泥处置设施的建设和运营。2005年，又将由市政工程管理处负责养护的中心城区排水设施资产移交给北京城市排水集团，基本实现了中心城区排水管网和污水处理厂的集中统一和系统化运营。

排水设施建设投资体制与中心城区集中统一管养体制一脉相承，形成以市政府投资为主体的多元化投资体制。中心城区公共污水管线建设资金由市政府给予一定资本金补助。污水处理厂升级改造（包括再生水厂）、再生水管线、污泥处理处置等设施建设资金由市政府给予50%投资补助，其余由排水集团融资解决。拆迁资金由市、区两级政府安排，各出50%。雨水管线随道路建设，建设资金包含在道路投资之内，与道路同时规划、建设，建成后移交运营单位。

为保障城市设施的正常运行，北京市政府建立了专门的养护资金来源渠道。1996年1月1日起开征污水处理费，主要用于污水管网养护、污水处理厂运行和污水水质监测等。

2. 排水和再生水设施建设体制现状

中心城区排水设施建设主要有以下3种模式。

（1）按照北京市国资委确定的北京城市排水集团的职责范围和中心城区的规划范围，中心城区的污水处理厂、公共污水管线、再生水厂和再生水管线的建设运营主体为北京城市排水集团。

（2）2003年，北京市开始进行基础设施领域投融资体制改革工作，部分污水处理厂以特许经营方式（BOT，即建设—运营—移交）建设，由市水务局代表市政府与污水处理厂投资运营商陆续签订了北苑、垡头、定福庄、东坝、五里坨5座污水处理厂特许经营服务协议，由投资运营商出资建设污水处理厂。污水处理厂收集管网由排水集团负责建设。

（3）雨水管线随道路建设，管线建设主体同时是道路建设主体，建设资金包含在道路投资之内，与道路同时规划、建设，建成后移交运营单位。

远郊区排水和再生水设施建设由区政府组织，区水务局（部分区为市政市容委）负责项目的规划和建设，建设资金按投资建设模式不同分别由市政府、区政府和建设主体融资解决。

3. 排水和再生水设施运营体制现状

中心城区排水设施主要采取特许经营方式，具体运营管理模式主要有以下两种。

（1）市政府确定的协议委托运营方式：排水集团负责所运营的排水和再生水设施就是此种类型。

（2）BOT运营方式：肖家河、卢沟桥和北苑污水处理厂实行BOT特许经营，由投资运营商在特许期内（一般为20～30年）运营管理，特许期满后移交政府指定单位运营。

中心城区排水设施运营资金来源为：公共污水管线、污水处理等设施运营费主要来源于城区所征收的污水处理费，根据服务协议，市水务局向运营单位拨付运营费用；城区公共雨水管网运营养护费尚未确定资金来源，近年来每年仅从水利基金列支2000万元用于雨水管线和雨水泵站的维护；再生水设施维护费用通过再生水经营收入和每年3000万元的补贴维持。

远郊区排水和再生水设施运营管理由区政府负责组织实施，主要有3种模式：①成立事业单位负责运行管理，采取公共事业管理模式，如昌平区、房山区都成立了污水处理运行管理中心；②特许经营［BOT、TOT（移交—经营—移交）、BT（建设—移交）］，如昌平沙河再生水厂、房山城关污水处理厂、顺义区污水处理厂等；③委托专业公司运营管理，如大兴黄村、延庆康庄等污水处理厂委托排水集团负责运行管理。

运营费用来源于各区征收的污水处理费和区财政补贴。10个远郊区开征污水处理费情况不同，部分区居民生活尚未开征污水处理费，乡镇及乡镇以下普遍未开征污水处理费，造成污水处理设施运营经费来源不足。

4. **排水和再生水设施监管体制现状**

北京市水务局负责中心城区污水处理和再生水设施的运行监管工作，并指导各区的监管工作。监管内容包括污水处理厂和再生水厂日常运营情况、进出水水量、水质达标、再生水生产与利用、污泥处理处置、排水管线养护、跨区排水事务协调等。负责办理排水许可证，对排水户的排水行为实施监管。

远郊区排水和再生水设施监管工作由区水务局负责。市环保局负责对包括污水处理厂在内的重点水污染排放户的达标排放情况实施监督。

5. **存在的问题**

（1）设施征地拆迁费用负担不尽合理。中心城区污水处理和再生水利用设施征地资金及50%的拆迁资金通过企业融资和市级资金支持统筹解决，其余50%的拆迁资金由所在区政府承担，市级资金支持仅针对中心城区，对远郊区而言不尽合理；对于跨区污水处理设施来说，其服务范围内其他受益的区政府并没有承担相应的费用，对设施所在区也不尽合理。

（2）设施占地对区域发展造成一定影响。中心城区污水处理设施占地在一定程度上影响了区域发展。按照国家污水处理设施建设的相关要求，设施周边应设置300m的缓冲带，区域开发也受到一定影响。

（3）污水处理运营费补贴政策不尽合理。考虑到污水处理费征收标准尚未覆盖全成本，为弥补污水处理企业运营经费不足，作为一项临时安排，北京市财政自2010年起对中心城区污水处理运营给予补贴（2012年约补贴13亿元，2015年补贴50亿元以上），而远郊区并没有得到补贴，从某种意义上说，这对中心城区污水处理设施服务范围外的远郊区并不公平。

上述问题在很大程度上影响了污水处理和再生水利用三年行动方案的顺利推进，在一定程度上影响了全市经济社会的协调和可持续发展。因此，有必要以中心城区为突破口，建立跨区污水处理和再生水利用设施建设与运营费分摊补偿机制。

二、北京市水环境区域补偿制度研究

从国内外水环境补偿经验和做法来看，无论是流域、区域还是不同国家政府间对于环境治理、生态保护方面的协作，能够成功付诸实践并获得成效的关键，除了政府间具有保护环境、促进可持续发展的共同愿景外，还有以“污染者付费”“治理者获偿”为原则设计的科学合理的补偿模式。这些模式落实了利益相关方环境治理的责任，使本来具有外部性的环境治理行为得以内部化，既体现了公平，又使各方污染治理、支付和收益通过共同的平台获得均衡，从而实现环境治理的规模化、效率化和多方共赢。

（一）费用分摊补偿机制研究

1. 基本原则及目标

分摊补偿机制的建立应遵循以下原则。

（1）坚持“谁污染、谁治理、谁付费”的原则，依法落实污水处理属地管理责任。

（2）坚持“有利于促进污水处理和再生水利用设施的建设和运营，有利于调动污水处理设施所在区的积极性，有利于促进各区间平衡发展”的原则，在公平负担的前提下，政策适当向设施所在区倾斜。

（3）坚持机制创新性与可操作性的原则，建立跨区污水处理和再生水利用设施建设与运营投入长效机制，为全面改善水环境质量提供政策保障。

建立分摊补偿机制的主要目标是缓解设施建设与运营机制存在的不公平现象，根据北京市水环境保护的实际情况，建立相关费用的补偿与分摊机制，主要针对以下问题：①新建污水处理和再生水设施占地拆迁费用分摊与补偿；②已运营污水处理和再生水设施运营费缺口分摊与补偿；③污水处理和再生水设施占地影响财政收入的分摊与补偿。

在时机成熟时，建立北京市污水处理基金，以市场方式公平解决以上问题，做到外部成本内部化。

2. 依据

国家和北京市相关法律法规与政策为建立分摊补偿机制提供了依据。《中华人民共和国水污染防治法》第八条规定：“国家通过财政转移支付等方式，建立健全对位于饮用水水源保护区区域和江河、湖泊、水库上游地区的水环境生态保护补偿机制。”《北京市水污染防治条例》第十六条规定:“本市逐步建立流域水环境资源区域补偿机制。”《国务院关于落实科学发展观加强环境保护的决定》（国发〔2005〕39 号）第二十三条规定：“要完善生态补偿政策，尽快建立生态补偿机制。”《中华人民共和国国民经济和社会发展第十二个五年规划纲要》提出：“按照谁开发谁保护、谁受益谁补偿的原则，加快建立生态补偿机制。”《国家环境保护总局关于开展生态补偿试点工作的指导意见》（环发〔2007〕130 号）第十条规定：“推动建立流域水环境保护的生态补偿机制。”

3. 分摊补偿对象和方法

（1）分摊补偿对象。按照“谁污染、谁治理、谁付费”的原则和促进全市公共服务均等化的要求，对全市跨区污水处理占用土地资源发生的费用，以及因污水处理价格不到位造成的运营费缺口实行合理分摊与补偿。污水处理设施费用分摊对象为污水处理设施服务范围所涉及的各区政府。

（2）分摊补偿方法。分摊补偿方法包括人口法、GDP 法、用水量法和综合法。各种分摊补偿方法对比见表 5–1。

推荐使用用水量法，3 种情形分别计算如下。

1）新建设施占地拆迁费用的分摊补偿。中心城区新建污水处理和再生水设施占地拆迁费用的分摊补偿实行按项目单独核算制度。补偿金额为该工程竣工验收后的结算金额。

项目初步设计批复后，由市水务局会同市发改委进行该项目的占地拆迁费用分摊补偿。

表 5-1 各种分摊补偿方法对比

计算条件及优缺点	分摊方法			
	人口法	GDP 法	用水量法	综合法
计算条件	基于居民每日污水排放量均等为前提，不考虑人口每日在各区间的流动变化性质	基于单位 GDP 产生的污水排放量均等为前提，不考虑产业与生活、行业之间的差异，也不考虑人群活动等因素	基于各区域用水量，且用水量统计数据真实、可信，同时不考虑局部地区的特殊用水情况	基于人口法、GDP 法和用水量法各自的假设条件，综合考虑各自影响因素，假设其影响因素存在、合理且固定，加权形成的计算方法
优点	分摊方法简单，计算方便，计算量少，数据依赖性小，且较为合理	分摊方法简单，计算方便，计算量少，数据依赖性小，且一定程度上避免了人口流动性因素	分摊方法客观实际，准确度高，充分考虑实际发生的用水量等真实情况，包含各区人口情况和 GDP 耗水等因素	分摊方法兼顾了人口法、GDP 法和用水量法等多种方法，得出了折中的分摊计算方法
缺点	不能充分考虑不同人群个体用水及排水差异造成的不同，也难以合理解决有效人口界限问题，且没有考虑到城区间人口真实流动和变化情况	不能充分考虑各行业之间的区别，也不考虑用户多方面的因素，且算法的合理性较差	对数据的真实性和准确性依赖性大，须确保有真实、可信的数据来源，同时计算方法略微烦琐	各影响因素须科学确定，须确保有真实、可信的数据来源，且计算量较大，须获取的基础数据多

分摊补偿方案为：该项目服务范围内的各区以相应处理污水量的设计值为权重分摊征地拆迁费用。分摊补偿计算公式为

各区分摊补偿金额＝新厂占地拆迁费总额 ×（设计处理各区污水量 ÷ 设计污水处理总量）

征地拆迁费及设计污水处理量以批复的初步设计报告为准。

2）中心城区已运营设施年度运营费缺口分摊补偿。中心城区已运营污水处理和再生水设施年度运营费缺口采用年初分摊、一次性预缴、按月拨付、年终决算制度，每年结算一次。补偿金额为年终污水处理费支付（含 3% 市财政统筹资金）与征收的差额。

北京市水务局会同市财政局在年初参照上年度运营数据将运营费缺口分摊到相关区。分摊补偿方案为：由相应设施服务范围内的区以上年污水排放量为权重进行分摊。

分摊补偿计算公式为

各区分摊补偿金额＝年度运行费差额总额 ×（已运营设施服务范围内各区污水排放量 ÷ 服务范围内污水排放总量）

设施服务范围以污水处理设施最新设计报告为依据。

污水排放量以当年统计公报公布的供水量、人口、GDP、产业结构等数据为基础进行核算。

北京市有关部门应当采取措施逐步提高污水（再生水）处理费价格，使其最终覆盖

全成本，同时加大污水处理费征收力度，鼓励运营单位科技创新，逐年降低运营费缺口额。

3）中心城区设施占地财政补偿分摊。中心城区设施占地财政补偿分摊、收缴与支付实行年终决算制度，每年结算一次。补偿金额为中心城区相同建设面积所产生的财政收入金额的平均值扣除用于处理本区污水所占的部分。

由北京市水务局会同市财政局按上年度数据计算设施占地财政收入补偿总额及设施所在区补偿金额，并计算涉及的区的分摊补偿金额。

分摊补偿方案为：由相应设施服务范围内的各区以年污水排放量为权重进行分摊。计算公式为

各区分摊补偿金额＝中心城区单位建设用地财政平均收益 × 已征用设施占地总面积 ×（已征用设施服务范围内各区污水排放量 ÷ 设施服务范围内污水排放总量）

设施服务范围以污水处理设施最新设计报告为依据。

建设用地、财政收入以当年统计公报公布的数据为基础进行核算。

污水排放量以当年统计公报公布的供水量、人口、GDP、产业结构等数据为基础进行核算。

补偿标准为当年各项实际发生或计算的费用，郊区发生跨区污水处理的应纳入补偿并执行相同的补偿标准。

（3）基础数据资源选择。由于污水处理厂流域集水边界与行政边界存在不一致现象，因此在分摊补偿计算中对基础数据的时空分布要求较高。可获得的数据源包括 3 个部分。

1）供水数据。供水数据相对较为完整，具有时间连续性和终端供水位置、数量信息，其中中心城区自来水供水数据主要由自来水集团掌握，自备井和地表水供水数据主要由市节水中心掌握。本次计算仅获得各区供水总量信息。

2）人口普查数据。以 2010 年 11 月 1 日零时为标准时点的第六次全国人口普查数据提供了各区街道（地区或镇）的常住人口，但 2011 年、2012 年的常住人口数量、分布在各区统计年鉴中没有完整信息。

3）《北京水务统计年鉴》数据。通过《北京水务统计年鉴》可获得各年相关污水处理厂、城六区污水处理总量信息。

通过以上数据，以中心城各区供水量为总量控制，按各区常住人口分布权重可获得除主要工业用水外的人均综合用水量，从而获得相应行政区以街道（地区或镇）为单元的用水量分布。

污水处理厂流域集水边界处各街道（地区或镇）的水量分配则由航摄像片显示的建筑物分布进行估算。

4. 分摊补偿案例计算

（1）新建再生水厂拆迁占地费分摊补偿计算。新建再生水厂拆迁占地费分摊补偿比例宜在规划设计文件中以设计服务范围内各区设计处理水量确定。此处以 2010 年数据示例并计算。由相关各区用水量及相应人口，可获得各区的人均综合用水量和人均非工业用水量。

例如，甲、乙再生水厂服务范围内无大型工业用水，以相关各区人均非工业用水量

及相应服务范围内各街道（地区或镇）人口计算各区用水量，以此为权重获得各区分摊补偿比例，具体数据详见表 5-2 ～表 5-6。

表 5-2　甲再生水厂拆迁占地费分摊补偿比例

区域	街道或乡镇	街道或乡镇非工业用水量 /（万 m^3/a）	各区非工业用水量 /（万 m^3/a）	分摊补偿比例 /%
A	a1 街道	1689.06	4132.06	31.00
	a2 街道	1073.84		
	a3 街道	417.61		
	a4 乡	951.54		
B	b1 街道	917.78	1479.98	11.00
	b2 街道	264.74		
	b3 街道	297.46		
C	c1 街道	1017.38	6535.37	50.00
	c2 街道	1172.57		
	c3 街道	1094.98		
	c4 街道	1482.96		
	c5 街道	422.47		
	c6 街道	922.54		
	c7 镇	422.47		
D	d1 街道	657.89	1062.30	8.00
	d2 街道	149.64		
	d3 街道	138.67		
	d4 街道	116.10		
合计			13209.71	100.00

表 5-3　甲再生水厂征地拆迁费分摊补偿

区域	设计污水处理量 /（万 m^3/d）	分摊补偿比例 /%	分摊补偿金额 / 亿元
A 区	13.44	30.00	3.89
B 区	5.25	12.00	1.56
C 区	20.35	45.00	5.84

续表

区域	设计污水处理量 /（万 m^3/d）	分摊补偿比例 /%	分摊补偿金额 / 亿元
D 区	5.96	13.00	1.68
合计	45.00	100.00	12.97

表 5-4　甲再生水厂征地拆迁资金组成

资金	组成				
	征地拆迁费	征地费	拆迁费	应分摊补偿金额	征地拆迁
金额 / 亿元	12.97	8.06	4.91	12.97	12.97

表 5-5　乙再生水厂征地拆迁费分摊补偿

区域	设计污水处理量 /（万 m^3/d）	分摊补偿比例 /%	分摊补偿金额 / 亿元
A 区	36.07	60.00	34.51
B 区	2.75	5.00	2.88
C 区	21.18	35.00	20.13
合计	60.00	100.00	57.52

表 5-6　乙再生水厂征地拆迁资金组成

资金	组成				
	征地拆迁费	征地费	拆迁费	应分摊补偿金额	征地拆迁
金额 / 亿元	57.52	20.31	37.21	57.52	57.52

（2）已建再生水厂占地补偿分摊补偿计算。以各区已建再生水厂的服务范围为计算边界，用同样方法可计算获得各区已建再生水厂服务范围内的用水量及各区总用水量，进而获得分摊补偿比例。按再生水厂所在区单位建设面积财政收益及再生水厂占地面积，计算出各区应占地补贴，按服务范围分摊至相应各区，具体数据详见表 5-7。

表 5-7　已运营跨区污水处理和再生水利用设施占地补偿及分摊

区域	已运营跨区服务设施数量 / 座	总占地面积 / 万 m^2	占地补偿费 / 万元	分摊补偿金额 / 万元	实际收支 / 万元
A 区	0	—	0	2102.00	–2102.00
B 区	0	—	0	2746.00	–2746.00
C 区	4	139.90	14351.00	6675.00	7675.00

续表

区域	已运营跨区服务设施数量 / 座	总占地面积 / 万 m^2	占地补偿费 / 万元	分摊补偿金额 / 万元	实际收支 / 万元
D 区	1	40.10	4229.00	3564.00	665.00
E 区	3	28.60	878.00	3158.00	−2280.00
F 区	0	0	0	542.00	−542.00
G 区	—	—	0	670.00	−670.00
合计	8	208.60	19458.00	19458.00	0

注：“—”表示无数据。

（3）已建再生水厂运行费缺口分摊补偿比例计算。以各区已建再生水厂的服务范围为计算边界，用同样方法可计算得各区待建再生水厂服务范围所用水量，以各区总用水量扣除待建再生水厂服务范围所用水量，即可获得各区已建再生水厂服务范围内的用水量及各区总用水量，进而获得分摊补偿比例，具体数据详见表 5–8 和表 5–9。

表 5–8　已建再生水厂运行费缺口分摊补偿比例

区域	总用水量 /（万 m^3/a）	待建厂服务范围用水量 /（万 m^3/a）	已建厂服务范围用水量 /（万 m^3/a）	分摊补偿比例 /%
A 区	4989.06	0	4989.06	7.00
B 区	7881.47	1479.98	6401.49	9.00
C 区	38147.55	10213.80	27933.77	39.30
D 区	13436.69	4132.06	9304.64	13.10
E 区	23111.11	6535.40	16575.74	23.30
F 区	5849.23	3519.40	2329.78	3.30
G 区	—	—	3582.00	5.00
合计	93415.11	25880.64	71116.48	100.00

注：“—”表示无数据。

表 5–9　各区污水处理和再生水利用设施运营费补贴分摊补偿

区域	污水处理总量 /（万 m^3/a）	分摊补偿比例 /%	分摊补偿金额 /（亿元 /a）
A 区	10215.42	11.00	1.39
B 区	12881.36	14.00	1.75

续表

区域	污水处理总量 /（万 m^3/a）	分摊补偿比例 /%	分摊补偿金额 /（亿元 /a）
C 区	32127.27	35.00	4.38
D 区	15087.97	16.00	2.06
E 区	15191.46	16.00	2.07
F 区	4075.08	5.00	0.56
G 区	3069.43	3.00	0.42
合计	92647.99	100.00	12.63

5. **操作程序**

（1）首先设立市级核算平台，用于相关费用的分摊、收缴和支付。

（2）进行分摊补偿方案制定、报批和费用上缴。主要包括以下 3 种费用。

1）征地拆迁费。跨区服务的设施建设项目经发改委立项并完成可研后，项目所在区按照规划用地范围，确定占地及拆迁影响范围内的征地拆迁费用。市发改委会同市水务局和各区核定项目征地拆迁费用，并制定费用分摊补偿方案，确定各区分摊补偿的额度，报市政府批准后实施。市财政局按照市发改委下达的资金使用进度计划，将资金拨付给项目建设单位用于项目征地拆迁工作。

2）运营补贴费。市财政局依据上年度核定的中心城区污水处理设施运营补贴确定本年度预缴总额，并会同市水务局制定运营补贴费分摊补偿方案，报市政府批准后实施。市财政局按照市水务局和运营单位签订的特许经营协议，将运营补贴拨付给设施运营单位。每年年底，市财政局会同市水务局按该年度实际发生的运营补贴金额进行最终核定，各区预缴不足的应当补缴，结余的计入下一年度。上一年度最终分摊补偿方案作为下年度的预缴依据。

3）设施占地补偿费。每年市水务局会同市财政局和各区，按设施所在区上年度单位面积建设用地平均收益，核算上年度设施占地补偿金额，并制定分摊补偿方案，报市政府批准后实施。市财政局将占地补偿费统一拨付给设施所在区，用于污水处理和再生水利用设施的建设、运营和相关管理工作。

（二）市场化补偿机制的研究

1. **设立北京市城镇污水处理专项平衡基金**

由于区域地理条件、人口总量和密度、经济发展水平不同，北京市部分区承担了更多的污水处理设施建设和运营任务，而未能获得相对合理的补偿。在建设方面，下游区为保障全市污水处理工作的安全稳定运行，污水处理厂网建设规模大，占用土地多，不仅承担了多于本区排污量的治理任务，而且支付了拆迁补偿费用；在运营方面，各区污水处理费缺口全部由市财政局补贴，相当于排污量少的区补贴排污量多的区，存在不合理性。

为此，应以“谁污染、谁付费，谁治理、谁获得补偿”为原则，建立更加公平的激励机制，使各区污水处理责任与补偿相匹配，并形成补贴合理分配的长效机制，为未来北京市污水处理设施运营、新建、改扩建等工作的顺利推进提供支持。

建议在条件成熟时，设立北京市城镇污水处理专项平衡基金，将财政补贴、征收的污水处理费、排污费等资金注入，在“谁污染、谁付费，谁治理、谁获得补偿”的原则下，各区以上年度污水排放量为权重，定期按比例缴纳一定金额，同时按污水处理量为权重，定期获得相应补偿，从而形成多处理多获得补偿、多排放多支付费用的机制，实现各区污水处理责任与补偿（或付费）相匹配，促进公平，保障北京市污水处理工作的平稳、高效进行。

2. 基金的资金来源及主要用途

基金的偿付实质上是各区政府之间部分财政收入的重新再分配过程，目的是建立公平合理的激励机制，使北京市政污水处理发挥整体最佳效益。因此，基金应由北京市政府与东城、西城、朝阳、海淀、丰台、石景山各区政府共同出资设立和维系，各区的资金来源可包括征收的污水处理费、征收的排污费、地方财政拨款、中央转移支付等。

基金具有非营利性，设立的目的是在现有条件下，通过激励机制，促进公平公正，实现各区之间污水排放、污水处理和财政收支分配之间的均衡，为各区污水处理厂网持续稳定运营、新建、改建、扩建提供资金支持，推动和完善北京市政污水处理工作的高效、有序开展。

在基金的具体用途方面，可重点考虑征地拆迁相关支出的补偿、污水处理设备采购相关支出的补偿、污水处理厂工程建设相关支出的补偿、污水处理厂运营和维护相关支出的补偿、污水处理厂改扩建相关支出的补偿、管网建设和维护相关支出的补偿及基金日常管理维护费用。

3. 监督机制

各基金成员对基金使用情况拥有知情权和监督权。应建立基金管理委员会，具体负责基金征收、分配和管理运作，并对全过程实施监督。委员会成员可采用聘请、派驻或指定等方式，由各区派代表加入。

基金专户储存，专款专用，实行“收支两条线”管理。应设立收入户和支出户，所有收入须进入收入户，收入户资金由基金管理部门统一管理，所有支出资金从支出户支付，支出户资金只能根据程序由收入户拨付。每笔基金的拨付使用都要聘请第三方专业机构进行审计，重点审计基金的实际用途是否与要求相符，资金的使用效率、污水处理效果是否达到预期。

（三）水环境区域补偿办法的编制

1. 编制依据

（1）2013 年 11 月 12 日，中国共产党第十八届中央委员会通过《中共中央关于全面深化改革若干重大问题的决定》。

（2）2008 年 2 月 28 日，全国人大常委会通过《中华人民共和国水污染防治法》。

（3）2010 年 11 月 19 日，北京市人大常委会通过《北京市水污染防治条例》。

（4）2005 年 12 月 3 日，国务院发布《关于落实科学发展观加强环境保护的决定》。

（5）2011 年 3 月 14 日，第十一届全国人民代表大会通过《中华人民共和国国民经济和社会发展第十二个五年规划纲要》。

（6）2007 年 8 月 24 日，国家环境保护总局发布《关于开展生态补偿试点工作的指导意见》。

（7）2012 年 6 月 6 日，北京市人民政府发布《关于进一步加强污水处理和再生水利用工作的意见》。

（8）2013 年 4 月 17 日，北京市人民政府发布《北京市加快污水处理和再生水利用设施建设三年行动方案（2013—2015 年）》。

2. **编制说明**

（1）编制过程。结合北京市排水设施及水环境现状，为进一步改善水环境治理，促进污水治理各项工作，完善水环境管理手段，切实落实区政府水环境治理责任，改善水环境质量，依据《北京市水污染防治条例》及相关法律法规的规定，遵照北京市领导指示要求，市水务局会同市环境保护局，在调研国内流域补偿案例、技术文献、对北京市污水处理和再生水利用设施建设与运营分摊补偿机制研究的基础上，结合北京市流域环境实际情况，编制了《北京市水环境区域补偿办法（试行）》（以下简称《办法》），由市政府办公厅发布实施。此后多次与委办局有关专家进行座谈和专题研讨，并书面征求委办局和各区政府意见，经进一步修缮后，形成《办法》报审稿，并于 2014 年 10 月 31 日由北京市人民政府办公厅印发，自 2015 年 1 月 1 日起施行。

（2）《办法》实施的必要性。必要性主要体现在以下 5 个方面。

1）《办法》是贯彻落实党的十八届三中全会和北京市委十一届四次全会精神的要求。十八届三中全会提出，坚持使用资源付费和“谁污染、谁治理，谁治理、谁获得补偿”的原则，用制度保护生态环境，实行资源有偿使用制度和生态补偿制度，改革生态环境保护管理体制。北京市委十一届四次全会提出实施区域管理和流域管理相结合的区跨界断面水质生态补偿。

2）《办法》是贯彻国家和北京市法律法规与政策的要求。《中华人民共和国水污染防治法》和《北京市水污染防治条例》明确规定要逐步建立流域水环境区域补偿机制。《国务院关于落实科学发展观加强环境保护的决定》《中华人民共和国国民经济和社会发展第十二个五年规划纲要》《北京市关于加快污水处理及再生水利用的工作意见》，以及三年行动方案等相关政策提出了建立补偿机制的要求。

3）《办法》是以经济手段落实区政府治污责任的要求。北京市在环境管理中，行政和法律的手段较强，经济手段较弱。《办法》综合应用法律、行政和经济等多重手段，是强化落实各区政府治污责任的制度创新。

4）《办法》是加大水环境治理资金投入的要求。每年固化断面考核不达标及污水治理任务未完成的区部分资金用于水环境治理，促进各区政府加速完成本区水质达标和污水治理任务；同时为城乡结合部地区临时治污设施建设与运营开辟了部分资金渠道，为城乡结合部地区的水环境改善提供资金保障。

5）《办法》是实现流域上下游协同治污的要求。《办法》规定，跨界断面水质超标，上游要对下游实行经济补偿，这将进一步形成资金倒逼机制，促使上游区政府加大治污力度。下游因得到补偿，会有更多资金投入水环境治理项目建设中，从而形成上下游协同治污的局面。

3. 《办法》的主要内容

《办法》按照“谁污染、谁治理，谁治理、谁获得补偿”的原则，明确了适用范围和原则，确定了各区跨界断面和污水治理年度任务的考核指标和补偿金核算方法，规定了补偿金收缴、用途和监管等内容。

《办法》共十五条。第一条明确了目的和依据，第二条明确了适用范围，第三条明确了考核指标，第四条明确了考核断面和任务指标的设置，第五条明确了考核标准，第六条明确了考核依据，第七条明确了断面补偿标准，第八条明确了断面补偿核算方法，第九条明确了对污水处理设施运营单位实施监管，第十条明确了污水治理年度任务补偿核算方法，第十一条明确了补偿金核算组织与收缴方法，第十二条明确了补偿金分配及用途，第十三条明确了补偿金监管细则，第十四条明确了建立信息公开制度，第十五条明确了施行时间。具体内容详见附录。

三、《办法》实施效果分析

为进一步改善水环境质量，健全激励约束机制，北京市政府于 2015 年 1 月 1 日颁布试行《办法》。实施 3 年间，综合应用经济手段倒逼各区落实属地责任，有效调动了各区治污的积极性和主动性，全市补偿金总额呈逐年大幅下降趋势。至 2017 年，全市污水治理年度任务补偿金共下降 22.5%，污水处理总量逐年大幅提升，全市污水处理率提升 6%，有力地促进了市政府确定的污水治理目标任务的完成，加快了治污进度，推动了北京市三年行动方案建设任务的落实，进一步提升了各区对水环境污染治理的决心，有效地推动了全市水质持续改善提升，取得了良好效果。

（一）2015 年实施效果分析

2015 年首次开展水环境区域补偿核算工作，当年度全市各区应缴纳水环境区域补偿金总额为 136507 万元，其中跨界断面补偿金为 97427 万元，污水治理年度任务补偿金为 39080 万元。

《办法》实施第一年，有力地促进了市政府确定的污水治理目标任务的完成，截至 2015 年年底，全市有平谷洳河、怀柔污水处理厂升级改造、通州河东再生水厂等工程相继投入运行或试运行，新增污水处理能力 73 万 m^3/d、再生水生产能力 262 万 m^3/d，全市共完成新建改造污水管线 1384km、再生水管线 476km。污水处理率由 2012 年的 83% 提高到 87%，促进了北京市三年行动方案建设任务的完成，推动各区严格落实属地责任，全面排查排污口，严格监管污染源，减少了入河排污总量。

通过缴纳补偿金、内部通报等措施，各区政府加快完善本区水污染防治体制，将治污压力向下传导到基层。朝阳、海淀、大兴、通州等区开始实施跨乡镇河道断面考核制度，将乡镇保护水质的责任落到实处。2015 年，劣Ⅴ类断面比例同比下降 5.4%，全市地表水体断面高锰酸盐指数、氨氮浓度同比分别下降 4.2%、4.4%。

（二）2016年实施效果分析

2016年各区应缴纳水环境区域补偿金总额为107661万元，较上年同期减少28846万元。其中，跨界断面补偿金为71400万元，较上年同期减少26027万元；污水治理年度任务补偿金为36261万元，较上年同期减少2819万元。

《办法》实施后，各区针对跨界河流，采取了截污治污、加大执法等措施，使部分跨界断面水质明显变好，主要污染物浓度大幅下降。

各区积极提升污水处理量，随着第一个三年治污行动方案确定的污水处理厂陆续建成，2016年纳入核算的用水量适度增长，而污水处理量比上年同期增加8306万m^3，全市污水处理率增长3%，污水处理效果显著。

《办法》以连续3年签订市、区两级污水处理和再生水利用目标责任书作为考核目标，有力地促进了各区落实属地责任，确保了污水处理设施建设、黑臭水体治理和农村污水治理等工作的顺利完成。

（三）2017年实施效果分析

1. 核算结果

（1）生态补偿综合核算结果。根据《办法》，水环境区域补偿金包括跨界断面补偿金和污水治理年度任务补偿金两个部分。2017年度各区应缴纳水环境区域补偿金总额为80671万元，其中跨界断面补偿金为50367万元，污水治理年度任务补偿金为30304万元。

（2）跨界断面补偿金核算结果。2017年各区共需缴纳跨界断面补偿金50367万元，其中上游区需补偿给下游区20907万元，市级统筹29460万元。从收支净值来看，东城、朝阳、丰台、通州、顺义、大兴、昌平7个区需净缴纳跨界断面补偿金，西城、海淀、房山、平谷、怀柔5个区可净得跨界断面补偿金，石景山、门头沟、密云、延庆4个区不缴纳也不获得跨界断面补偿金。

（3）污水治理年度任务核算结果。2017年各区共需缴纳污水治理年度任务补偿金30304万元，包括污水处理率年度目标补偿金28232万元，年度污水治理项目建设补偿金2072万元。其中，返还本区9920万元，补偿下游8771万元，市级统筹11613万元。东城、西城、石景山、昌平4个区需缴纳污水处理率年度目标补偿金；通州、顺义、昌平、平谷、密云5个区需缴纳年度污水治理项目建设补偿金。

2. 年度对比分析

2017年上缴补偿金总额80671万元，较上年同期减少26990万元。

（1）跨界断面补偿金对比分析。2017年各区缴纳跨界断面补偿金50367万元，较上年同期减少21033万元，主要原因是朝阳、丰台、顺义、大兴、海淀5个区缴纳的跨界断面补偿金大幅下降，各区针对跨界河流，采取了截污治污、加大执法等措施，使部分跨界断面水质明显变好，主要污染物浓度大幅下降。

（2）污水治理任务补偿金对比分析。2017年各区缴纳污水治理任务补偿金30304万元，较上年同期减少5957万元，主要因为：①污水治理年度任务按期完成，通过连续4年签订市、区两级污水处理和再生水利用工作目标责任书，有力地促进了各区落实属地责任，确保了污水收集管线、污水处理设施建设、黑臭水体治理等任务按期完成；②污水处理量大幅提升，通过实施两个治污行动方案和聚焦攻坚实施方案，全市污水收集管网逐步完善，污水处理设施充分发挥治污作用，2017 年污水处理量比 2016 年增加了 16766 万 m^3，日均减少入河污水量约 45 万 m^3，全市水环境得到显著改善。

第三节　专题探讨——北京市水资源水环境风险分析及控制研究

城市水资源供需研究多从需水的角度考虑供需平衡，而忽略了供需风险的研究。针对此问题，本章从危险性、暴露性和脆弱性的角度构建水资源供需风险指标体系，建立了基于判别分析的供需风险分析模型。考虑供水的随机不确定性，以北京市为例，研究多种不同来水条件下的风险。结果表明，在历史来水条件下，北京市 2020 年固有风险为一级风险；利用外调水和再生水后，现实风险中三级风险和四级风险占 75%，一级风险和二级风险占 25%。因此在降水量很小的情况下，水资源供需风险仍然处于较高水平。

本章依据水域功能的高低，将北京市水环境分为上游水源地保护区、中游水功能区和下游排污区，并对相应水环境的水质进行分析，确定水环境风险等级，为水环境的风险控制提供依据。

一、水资源风险控制

（一）水资源风险控制的内涵

风险是由系统的不确定性因素引起的。由于水资源系统是一个开放、复杂的动态复合大系统，有着人类认识客观世界的局限性，因此水资源系统总是伴随着各种不确定性因素的困扰。这些不确定性因素的来源可分为 5 个方面：①自然现象或有关随机过程的不确定性，如降雨径流的变化、来水过程、需水量等均具有较大的不确定性；②社会现象的不确定性，如人口变化、经济发展、政策等均具有不确定性；③模型化的不确定性及模型参数估计不准确引起的不确定性，此即人类认识客观世界的局限性；④需求、效益和费用不能确切预知及运行后参数的变化引起的不确定性；⑤决策过程的不确定性。正是这些不确定性因素的存在，使得水资源系统不可避免地存在一定的风险。

与风险的一般概念一样，水资源系统风险的定义很多。在随机水文学中，它被定义为一个失事事件发生的概率；在水资源工程经济分析评价中，风险是指当考虑特征指标的随机性时，工程在整个运用时间获取某一决策指标小于或大于某一规定值的可能性或概率；在水库调度中，风险被定义为“水库在调度、运行期间失事事件发生的可能性或概率和偏离正常状态或预期目标的程度”。概括而言，水资源系统风险泛指在特定的时空环境条件下，水资源系统中发生的非期望时间事件发生的概率并由此产生的损失程度。具体来讲，水资源系统的风险研究包括水资源系统本身运行的可靠性研究，其研究对象是风险事件的成因和风险事件出现的概率，以及假若水资源系统失事，对人类财产、健康、心理及生态环境构成潜在不利影响或危害的程度，即用货币表示失事事件造成的损失的概率分布。

水资源系统本身存在着可变性、不确定性、随机性等资源属性。水资源系统风险的定义总结为：在特定的时空环境条件下，水资源系统中客观存在的具有潜在确定性的非期望事件的发生概率及其所造成的损失程度［式（5-1）］。

$$R\left(\frac{\text{危害}}{\text{单位时间}}\right)=P\left(\frac{\text{事故}}{\text{单位时间}}\right)\times C\left(\frac{\text{危害}}{\text{事故}}\right) \tag{5-1}$$

式中 R —— 风险；

P —— 事故发生概率；

C —— 事故造成的环境（或健康）后果。

（二）水资源风险控制的方法

水资源风险控制的基础是水资源风险评价。水资源风险评价模型大多以一定的数理方法为基础构建而成，因此在讨论水资源风险评价模型时可通过模型采用的方法进行探讨。水资源风险评价采用的方法主要有概率统计法、模糊评价法、灰色估算法、最大熵值法等，近年来集对分析法、支持向量机法等也被用于洪水风险等评估。

1. 概率统计法

利用概率统计法研究风险事件较为常见，如洪水风险研究中有关分布的测度和参数估计，常用方法有极值统计法、随机模拟法（蒙特卡罗法）等。

Richard W. 利用极值理论对水资源设计和运行中的水文风险问题进行了分析研究；傅湘等利用极值理论与 Asbeck 等提出的分区多目标风险方法（PMRM），并结合洪灾风险高损失区域的期望值进行了推导，取得了理想的结果；丁大发等以黄河流域为背景，根据流域水资源多维临界调控系统风险估计问题的特点，在对调控目标与风险辨识有关问题进行研究的基础上，提出了基于人工神经网络模拟的蒙特卡罗风险估计方法，在理论上解决了流域水资源多维临界调控系统风险估计问题；吴泽宁在分析黄河流域水资源多维临界调控方案风险时，利用蒙特卡罗法建立了调控目标风险估计的随机性模拟模型。

2. 模糊评价法

在水资源系统分析方法中，首先要考虑的是系统的不确定性。陈守煜认为，水文水资源系统中许多概念的外延存在不确定性，对立概念之间的划分具有中间过渡阶段，这些都是典型的模糊现象；王红瑞等基于模糊概率理论建立了水资源短缺风险评价模型，对水资源短缺风险发生的概率和缺水影响程度给予综合评价，首先构造隶属函数以评价水资源系统的模糊性，然后利用 Logistic 回归模型模拟和预测水资源短缺风险发生的概率，建立了基于模糊概率的水资源短缺风险评价模型，最后利用判别分析识别出水资源短缺风险敏感因子；阮本清等选取区域水资源短缺风险程度的风险率、脆弱性、可恢复性、重现期和风险度作为评价指标，研究了水资源短缺风险的模糊综合评价法；罗军刚等针对水资源短缺风险评价中各指标的模糊性和不确定性，将信息论中的熵值理论应用于水资源短缺风险评价，建立了基于熵权的水资源短缺风险模糊综合评价模型。

3. 灰色估算法

灰色系统是华中理工大学邓聚龙教授提出的一种处理动态系统的数学方法，它可以对系统做分析，实现建模、预测、决策、控制等。吴泽宁等针对水资源系统中广泛存在的灰色不确定性的特征，从水资源系统风险的一般概念和表示方法出发，将灰色系统理论和风险分析理论结合起来，提出了水资源系统灰色风险率、灰色风险度的概念，并导出相应的计算公式；胡国华等提出了量化影响河流水质的随机不确定性与灰色不确定性的水质超标灰色随机风险率概念，建立了水质超标灰色随机风险率评价模型，最后借鉴系统可靠性分析的理论和方法计算水质综合超标率，并将该方法运用于黄河花园口断面重金属污染风险评价。

4. 最大熵值法

在水资源风险分析中，许多风险因子的随机特征都没有先验样本，而只能获得其他数字特征，如均值。但是，它的概率分布有无穷个，要从中选择一个分布作为真分布，就要利用最大熵准则。匈牙利科学家 L.Szilar 于 1929 年首先提出熵与信息不确定的关系，使熵在信息科学中得到应用；姜志群等基于最大熵原理提出水资源可持续性模糊综合评价模型，充分利用系统信息，考虑评价标准和评价指标的模糊性和不确定性，以及观测资料的不确定性，有效地减少了模糊评价中的主观性；王栋首次尝试应用集对分析和模糊集合论的基本概念与理论，并结合水环境评价问题的具体特点，将这两种理论加以拓展，分别建立了基于集对分析的水环境评价下级模型和基于集对分析–模糊集合论的水环境评价二级模型。

5. 集对分析法

20 世纪 60 年代初，赵克勤提出了集对分析理论，1989 年正式提出新的不确定性理论——集对分析。该理论自提出以来，已经广泛应用于各行业。该理论是在“不确定性与确定性共同处于一个统一体之中”的认识基础上，第一次将事物的确定性和不确定性作为一个系统加以处理，并用联系度表示。

集对分析研究的核心是由联系度引申出来的联系数，它所刻画的是微观层次上处于不确定状态而在宏观层次上处于可确定状态的量。对于一个地区的水资源来说，设有 N 个评价指标，其中有 S 个指标优于 I 级标准，有 P 个指标劣于Ⅲ级标准，有 F 个指标介于 I 和Ⅲ之间，评价系统的联系度可表示为［式（5–2）］

$$u=\frac{S}{N}+\frac{F}{N}i+\frac{P}{N}j \tag{5–2}$$

式中 i——差异度系数；

j——对立系数。

根据式（5–2）的计算结果可以确定要评价的安全等级与给出的经验等级的高低关系。

门宝辉等利用集对分析法，建立了评价区域水资源开发利用程度的新模型，并将其应用于西安市及其市区的水资源开发利用程度评价，评价结果与属性识别方法和模糊评判法相同，而且该方法更具可操作性；卢敏等将集对分析法引入水安全评价，提出了基于 SPA 的水安全评价法，并以北京、天津、上海和全国水平做比较，结果表明，该分析方法简单实用，可用于区域水安全的分析评价。

6. **支持向量机法**

基于统计学习理论提出的支持向量机法具有逼近任意连续有界非线性函数的能力。选定评价指标和等级，利用给定的样本损失函数和估计函数，利用对偶原理、拉格朗日乘子法和核技术，得到回归支持向量机的模型，从而对水资源风险进行评估，得到风险值或者等级。这种方法已经成为水资源风险评估研究中的前沿和热点，应用的范围和深度在进一步扩大。黄明聪等将风险评价归纳为一个支持向量回归的问题，建立了基于支持向量机的水资源短缺风险评价模型和方法，采用风险率、脆弱性、可恢复性、事故周期和风险度等作为区域水资源短缺风险程度的评价指标，建立了综合评价体系。由于对支持向量机法的了解和研究还不够深入，对样本损失函数和核函数还没有严格而准确的定位，因此基于该方法的风险评估模型还不成熟，尚需进一步研究。

对于稀缺资源，以需求管理实现供需平衡是国际通行的做法。我国水资源短缺，开发潜力有限，用水效率不高，水污染问题严重，随着社会经济的快速发展，水资源供需矛盾愈加凸显。目前，在对水资源进行供需评价时，一般都忽视了水资源系统的供需关系，即忽视了对供、需配合状况的评价，曾一度停留在水量的供需平衡上，以需定供，对水资源供需矛盾缺少定量分析和讨论。由于水资源系统是一个复杂的大系统，存在多种不确定性，如随机性和模糊性，而降雨、径流、用水等因素的不确定性使得供水和需水存在不确定因素，因此一定的水资源供需风险必然存在。但以往的研究大多针对水资源短缺风险，有关供需风险的研究很少。水资源风险主要研究概况见表 5–10。

表 5–10 水资源风险主要研究概况

类别	代表人物	主要方法
国外	Hashimoto	建立可靠性、可恢复性和脆弱性的水资源系统性能指标
	Iglesias	研究了经济社会的发展及气候变化对水资源短缺的影响，并提出了地中海国家水资源风险管理的框架
国内	阮本清等	建立风险率、脆弱性、重现期、可恢复性等风险指标，并利用模糊综合评价方法对水资源短缺风险进行评价
	刘涛等	建立风险率、可恢复性、易损性等风险指标，并对风险进行综合评估
	冯平等	将风险分析方法用于干旱期的水资源管理，给出了相应的风险、可靠性、恢复性和易损性等具体的风险指标
	陶涛等	从风险发生的概率、风险发生的程度及风险因子之间的关系对水资源供需风险进行估计

由表 5–10 可知，Hashimoto 建立的指标仅考虑了水资源系统的性能，而没有考虑风

险的本质，其他研究大多借鉴Hashimoto建立的指标，仅考虑了水资源系统的随机性，而没有考虑水资源系统的模糊性。因此我们从系统性能和风险的内涵两个角度出发，建立供需风险指标体系，并在建立的供需风险分析模型中考虑随机不确定性和模糊不确定性。此外，上述研究在对规划水平年的水资源短缺风险进行评价时，只考虑一种或几种来水条件下的风险。我们考虑供水的随机不确定性对风险的影响，则对多种不同来水条件下的供需风险进行分析和评价。

（三）水量供需风险评价指标体系

Renfore等认为风险评估包括危险性（Threat）评估和脆弱性（Vulnerability）评估，Mileti与Dilley等认为自然灾害风险评价指标包括危险发生的概率（Probability）、暴露性（Exposure）和脆弱性（Vulnerability）。综合考虑Hashimoto建立的水资源系统性能指标和Mileti等建立的自然灾害风险指标，本书认为风险是致险因子的危险性和承险体的暴露性、脆弱性共同作用的结果。所谓危险性是指某种危险发生的可能性或概率；暴露性表示某客体对某种危险表现出易于受到伤害和损失的性质，是风险发生的必要条件；脆弱性表示某种危险所带来的潜在损失。上述研究均从随机性的角度定义危险性，本小节从模糊性和随机性的角度给出危险性的新定义，并建立危险性的数学表达式。

1. **危险性**（T）

对于供水系统来说，所谓失事主要是供水量W_s小于需水量W_n，从而使供水系统处于处于缺水状态。危险性表示供水系统处于缺水状态下的概率，由于水资源系统具有模糊性和随机性，故根据模糊概率的定义将危险性定义为［式（5-3）］

$$T(x)=\int_0^x \mu_{\underset{\sim}{A}}(x)f(x)\,dt \tag{5-3}$$

式中　$\underset{\sim}{A}$ —— 模糊随机事件“供水系统处于缺水状态”；

x —— 缺水量，$x=W_n-W_s$；

$f(x)$ —— 概率密度函数；

$\mu_{\underset{\sim}{A}}(x)$ —— 缺水量在模糊集$\underset{\sim}{A}$上的隶属函数。

$\mu_{\underset{\sim}{A}}(x)$定义为［式（5-4）］

$$\mu_{\underset{\sim}{A}}(x)=\begin{cases}0 & 0\leqslant x\leqslant W_a\\ \left(\dfrac{x-W_a}{W_m-W_a}\right)^p & W_a<x<W_m\\ 1 & x\geqslant W_m\end{cases} \tag{5-4}$$

式中　W_a —— 可接受的缺水量；

W_m —— 缺水系列中最大缺水量；

p —— 正整数。

2. **暴露性**（E）

暴露性表示供水系统易于失事的敏感性，包括降水量（P）、水资源满足程度（S）、水资源开发利用率（U）等指标。降水是水资源的主要补给来源，降水量不仅决定了地表径流量和地表水资源量，而且影响地下水的补给和可开采量；水资源满足程度反映了区域需水的综合保证度；水资源利用率反映了水资源的总体开发利用程度。其定义为［式（5-5）和式（5-6）］

$$S=\frac{\text{区域可供水量}}{\text{需水量}} \tag{5-5}$$

$$U=\frac{\text{地表水可供水量}+\text{地下水可供水量}}{\text{水资源总量}} \tag{5-6}$$

3. 脆弱性（V）

脆弱性表示供水不足带来的潜在经济损失，即供水不足导致产生很低的经济价值，其定义为［式（5-7）］

$$\begin{cases} X = xE' \\ E' = \sum_{i=1}^{3} w_i e_i \end{cases} \tag{5-7}$$

式中　x——当年的缺水量；

E'——每供单立方米水产生的综合效益；

e_i——农业用水效益、工业用水效益和第三产业用水效益（$i=1，2，3$）；

w_i——农业用水效益、工业用水效益和第三产业用水效益的权重（$i=1，2，3$）。

参考袁汝华等有关用水效益的研究，农业用水效益、工业用水效益和第三产业用水效益的定义分别为［式（5-8）～式（5-10）］

$$e_1=\frac{1}{m}\sum_{i=1}^{m}\frac{b_j}{M_j} \tag{5-8}$$

式中　b_j——第j种作物单位面积灌溉净效益；

M_j——第j种作物单位面积耗水定额；

m——主要农作物的种类。

$$e_2=\frac{10000}{D_2}g_2 f_2 \tag{5-9}$$

式中　D_2——工业万元产值用水量；

g_2——工业用水净效益分摊给用水的比例系数，即分摊系数；

f_2——工业净效益与产值的综合比例系数。

$$e_3=\frac{10000}{D_3}g_3 f_3 \tag{5-10}$$

式中　D_3——第三产业万元产值用水量；

g_3——第三产业用水净效益分摊给用水的比例系数，即分摊系数；

f_3——第三产业净效益与产值的综合比例系数。

（四）水量风险控制分析

1. 基于最大熵原理的缺水量系列概率分布

本书基于最大熵原理模拟缺水量系列的概率分布。1865 年，克劳修斯（R. Clausius）在热力学研究中首次提出熵的概念；1948 年，C. E. Shannon 把熵引入信息论，提出信息熵的概念，认为熵反映了信息源状态的不确定程度；Jaynes 在信息熵的基础上提出了最大熵原理。最大熵的定义为：在所有满足给定的约束条件的众多概率密度函数中，信息熵最大的概率密度函数就是最佳的概率密度函数。其数学原理为［式（5-11）］

$$\max S(x) = -\int_a^b f(x)\ln(x)\,\mathrm{d}x$$

$$s.t.\ \int_a^b f(x)\,\mathrm{d}x = 1 \tag{5-11}$$

$$\int_a^b x^n f(x)\,\mathrm{d}x = \mu_{\mathrm{n}} \quad (\mathrm{n} = 1,\ 2,\ \ldots,\ N)$$

式中　μ_{n} —— 第 n 阶原点矩；

N —— 原点矩的阶数。

这是一个泛函条件极值问题，可根据变分法引入拉格朗日乘子（λ_0+1，λ_1，λ_2，…，λ_{n}），求解得最大熵概率密度函数表达式为［式（5-12）］

$$f(x) = \exp\left(\lambda_0 + \sum_{i=1}^{N}\lambda_{\mathrm{n}}x^{\mathrm{n}}\right) \tag{5-12}$$

其中（λ_1，λ_2，…，λ_{n}）为待定参数，由式（5-11）中的第一约束条件可得［式（5-13）］

$$\lambda_0 = -\ln\left[\int_a^b \exp\left(\sum_{n=1}^{N}\lambda_{\mathrm{n}}x^{\mathrm{n}}\right)\mathrm{d}x\right] \tag{5-13}$$

由式（5-11）中的第二约束条件可得［式（5-14）］

$$\mu_{\mathrm{n}} = \frac{\int_a^b x^{\mathrm{n}}\exp\left(\sum_{n=1}^{N}\lambda_{\mathrm{j}}x^{\mathrm{j}}\right)\mathrm{d}x}{\int_a^b \exp\left(\sum_{n=1}^{N}\lambda_{\mathrm{j}}x^{\mathrm{j}}\right)\mathrm{d}x}\ (n = 1,\ 2,\ \cdots,\ N) \tag{5-14}$$

2. 聚类分析

由于判别分析中使用的训练样本需要明确风险分类，因此使用层次聚类算法（Hierarchical Cluster Algorithm）对风险进行聚类。该方法先将 n 个观测看成不同的 n 类，然后将性质最接近的两类合并成一类，再从这 n—1 类中找到最接近的两类加以合并，依此类推，直到所有的观测量合并为一类。

3. 判别分析

判别分析可根据观测或测量到的若干变量值，判断研究对象所属的风险类别，使得判别观测量所属类别的错判率最小。判别分析能够从诸多表明观测对象特征的自变量中

筛选出提供较多信息的变量，且这些变量之间的相关程度低。线性判别函数的一般形式为［式（5–15）］

$$y = a_1x_1 + a_2x_2 + \cdots + a_nx_n \tag{5-15}$$

式中　y——判别指标，根据所用方法的不同，可能是概率，也可能是坐标值或分值；

x_1，x_2，…，x_n——反映研究对象特征的变量；

a_1，a_2，…，a_n——各变量的系数，也称判别系数。

常用的判别分析方法有最大似然法、距离判别法、费希尔（Fisher）判别法和贝叶斯（Bayesian）判别法。常用的效果检验方法有自身检验法、外部数据验证法、样本二分法及和互验证法（Cross–Validation）等。其中交互验证法是近年来逐渐发展起来的一种非常重要的判别效果验证技术。

综上所述，水资源供需风险分析模型如图 5–2 所示。

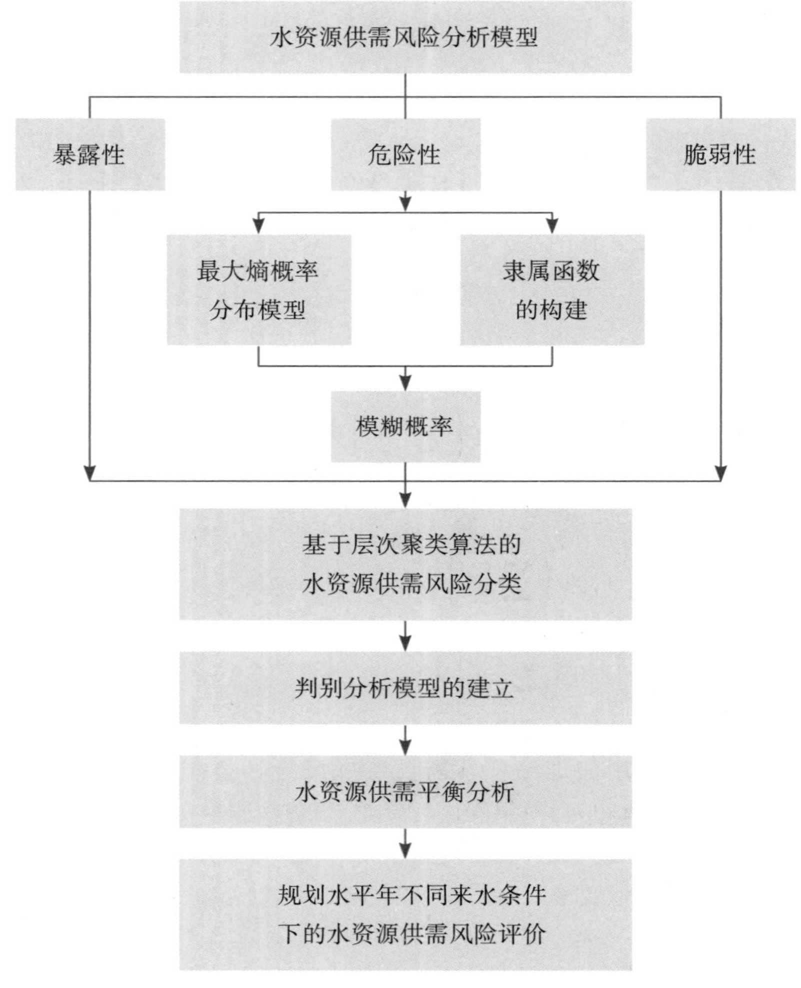

图 5–2　水资源供需风险分析模型

（五）基于判别分析的北京市水资源供需风险评价模型

1. 危险性函数的建立

北京市 1979—2010 年水资源供需情况见表 5-11，如图 5-3 所示。

表 5-11　北京市 1979—2010 年水资源供需情况　　单位：亿 m^3

年度	水资源总量	总用水量
1979	38.23	42.92
1980	26.00	47.75
1981	24.00	49.11
1982	36.60	38.69
1983	34.70	47.56
1984	39.31	40.05
1985	38.00	38.20
1986	27.03	36.55
1987	38.66	34.64
1988	39.18	42.43
1989	21.55	44.64
1990	35.86	41.12
1991	42.29	42.03
1992	22.44	46.43
1993	19.67	45.22
1994	45.42	45.87
1995	30.34	44.88
1996	45.87	40.01
1997	22.25	40.32
1998	37.70	40.43
1999	14.22	41.71
2000	16.86	40.40
2001	19.20	38.93

续表

年度	水资源总量	总用水量
2002	16.11	34.62
2003	18.40	35.80
2004	21.35	34.55
2005	23.18	34.50
2006	24.50	34.30
2007	23.80	34.80
2008	34.20	35.10
2009	21.84	35.50
2010	23.08	35.16

注：数据来源于《北京市水务统计年鉴》《北京市水资源公报》。

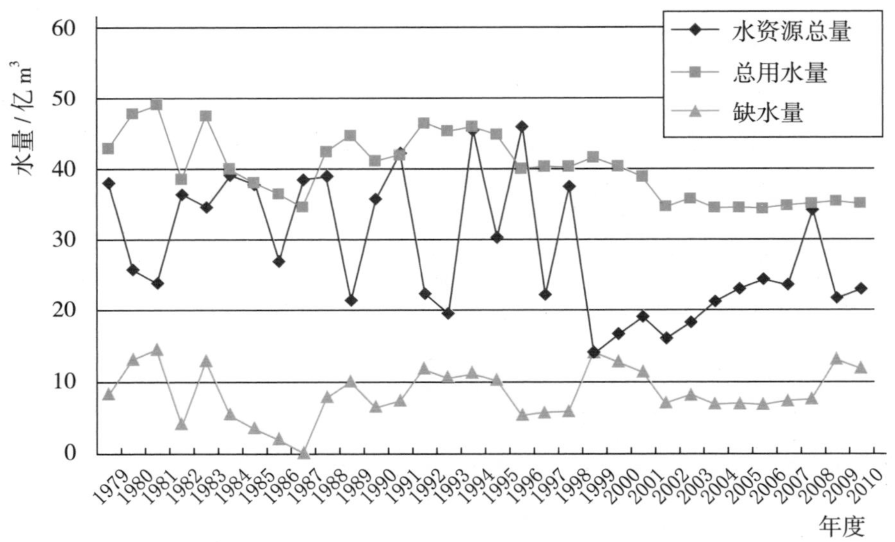

图 5-3　北京市 1979—2010 年水资源供需情况

将 1979—2010 年的缺水量数据代入式（5-12）～式（5-14）得出缺水量的最大熵概率密度函数见式（5-16），缺水量的概率密度函数曲线如图 5-4 所示。

$$f(x)=\exp\left[0.9021-0.002(x-11.2213)-0.0519(x-11.22)^2+0.0007(x-11.22)^3\right] \tag{5-16}$$

将式（5-4）和式（5-16）代入式（5-3），由于被积函数非常复杂，无法得到危险性的解析函数表达式，利用数值积分结果可以绘制出危险性函数曲线，如图 5-5 所示。由此可以计算 1979—2010 年缺水量的危险性。

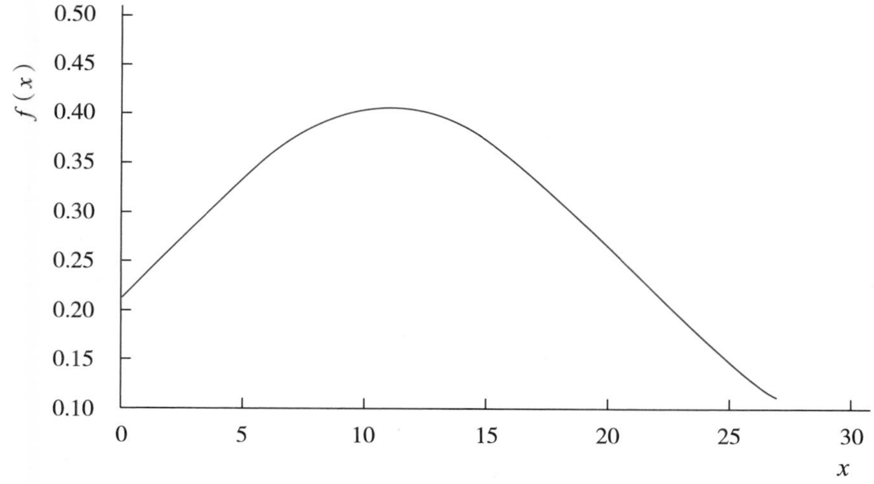

图 5-4　缺水量的概率密度函数曲线

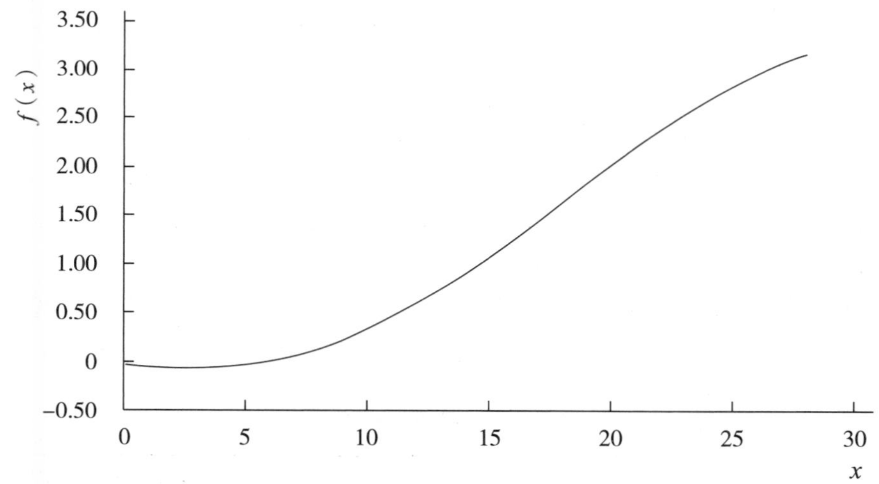

图 5-5　缺水量的危险性函数曲线

2. **暴露性和脆弱性的计算**

将 1979—2010 年的可供水量、用水量、主要作物的耗水定额和经济产值等数据分别代入式（5-6）～式（5-10），可以计算出 1979—2010 年的水资源满足程度（*S*）、水资源利用率（*U*）和脆弱性（*V*）。

3. **水资源供需风险分类**

根据前文危险性、脆弱性和暴露性的计算结果，利用层次聚类算法对 1979—2010 年北京市水资源供需风险进行聚类，分类结果如图 5-6 所示。图 5-6 中，横坐标表示危险性，纵坐标表示脆弱性，4 种标记表示风险等级。

4. **判别分析模型的建立**

可将 1979—2010 年的危险性、降水量、水资源满足程度、水资源利用率、脆弱性数据及供需风险分类结果作为训练样本建立判别函数。本书选择费希尔（Fisher）判别法，

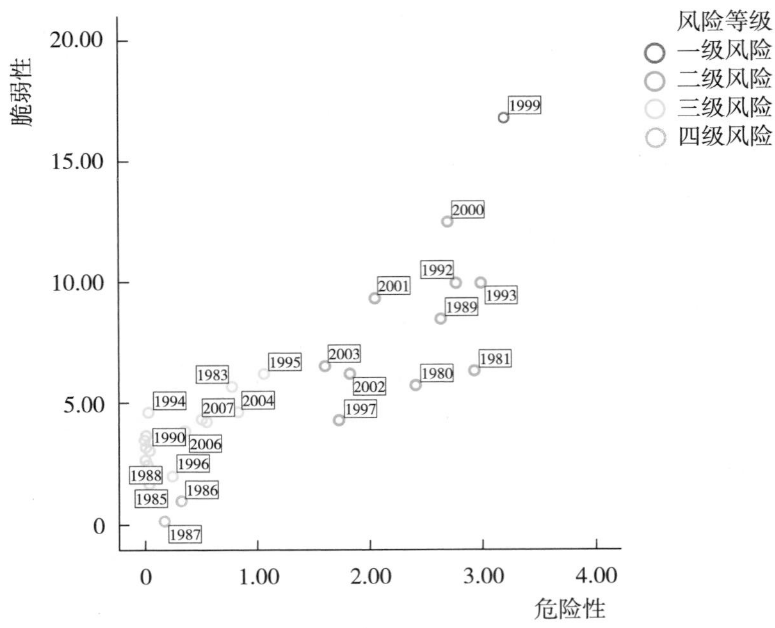

图 5-6　北京市 1979—2010 年水资源供需风险分类结果

采用 Wilks Lambda 法逐步进行判别分析。Wilks Lambda 统计量为组内离差平方和与总离差平方和的比值。变量输入 / 输出见表 5-12，特征值和 Wilks Lambda 检验结果分别见表 5-13 和表 5-14，典则判别函数系数见表 5-15。

由表 5-12 可知，逐步判别分析选择了危险性、脆弱性和水资源满足程度 3 个变量，且 Wilks Lambda 检验结果显示上述 3 个变量对正确判断分类是有用的。

表 5-12　变量输入 / 输出

步骤	输入	统计值	自由度 1	自由度 2	自由度 3	Wilks Lamber 统计量			
						统计值	自由度 1	自由度 2	显著性
1	危险性	0.116	1.00	3.00	26.00	66.121	3.00	26.00	0.000
2	脆弱性	0.054	2.00	3.00	26.00	27.574	6.00	50.00	0.000
3	水资源满足程度	0.030	3.00	3.00	26.00	20.817	9.00	58.56	0.000

表 5-13　特征值

函数	特征值	方差 /%	累积方差 /%	相关系数
1	8.141	81.60	81.60	0.944
2	1.198	12.00	93.60	0.738
3	0.635	6.40	100.00	0.623

表 5–13 说明在分析中一共提取了 3 个维度的典则判别函数，其中第 1 个函数解释了所有变异的 81.60%，第 2 个函数解释了所有变异的 12.00%，剩下 6.40% 的变异则由第 3 个函数解释。由表 5–14 可知，建立的各个判别函数都具有统计学意义。

表 5–14　Wilks Lambda 法检验结果

函数检验	Wilks Lambda 统计量	卡方检验	自由度	显著性
1–3	0.030	89.053	9.00	0.000
2–3	0.278	32.626	4.00	0.000
3	0.611	12.542	1.00	0.000

表 5–15　典则判别函数系数

变量	函数		
	1	2	3
水资源满足程度	7.656	8.464	27.285
危险性	2.577	1.788	–0.729
脆弱性	0.093	–0.549	0.684
结果	–9.325	–5.755	–24.552

根据表 5–15 中的结果，典则判别函数（Canonical Discriminant Function）计算方法为［式（5–17）］

$$\begin{aligned} F_1 &= 1.060T + 0.168V + 0.374S \\ F_2 &= 0.735T + 0.987V + 0.413S \\ F_3 &= -0.300T + 1.228V + 1.331S \end{aligned} \tag{5-17}$$

（六）2020 年水资源供需分析评价

1. 水资源供需平衡分析

水资源供需平衡分析采用长系列逐月调节计算的方法，供水序列为北京市 1956—2010 年的来水资料（不包括外调水和再生水），需水序列为 2020 年的用水需求，从而得出 2020 年 52 种来水条件下的缺水量。

2. 2020 年水资源供需风险评价

当不考虑利用外调水和再生水时，根据危险性函数图及式（5–3）可以计算出北京市 2020 年在不同来水条件下的危险性（图 5–7）和脆弱性（图 5–8）。根据式（5–5）可以计算出 2020 年在不同来水条件下的水资源满足程度，计算结果如图 5–9 所示。

根据建立的判别分析模型对北京市 2020 年不同来水条件下的水资源供需风险进行评价，图 5–10 中横坐标表示 1956—2007 年的降水量，纵坐标表示 2020 年在不同来水条件下的脆弱性，标记表示为风险等级。如图 5–10 所示，在 1956—2007 年的来水条件下，一级风险有 14 个，占 26.9%，其余年度均为二级风险，由此可见，2020 年北京市水资源供需状况极度危险。

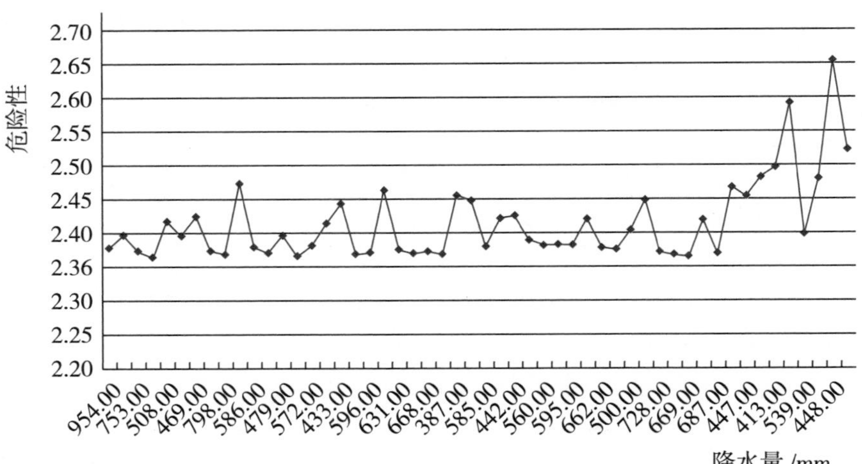

图 5-7　不同来水条件下的危险性

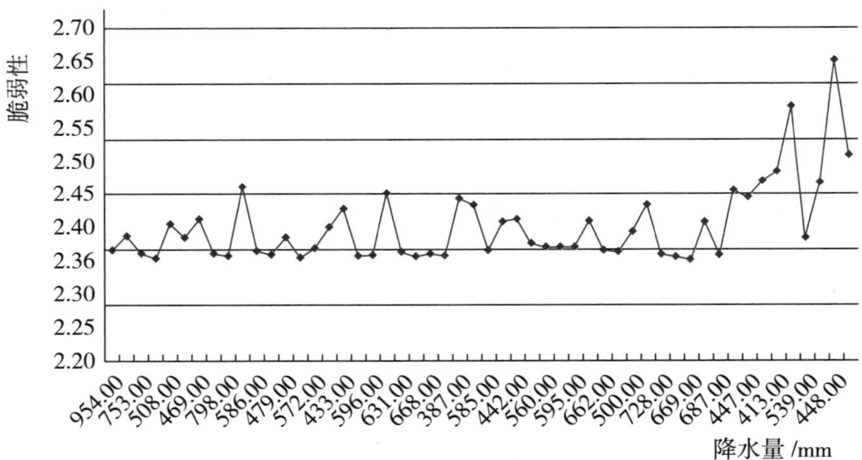

图 5-8　不同来水条件下的脆弱性

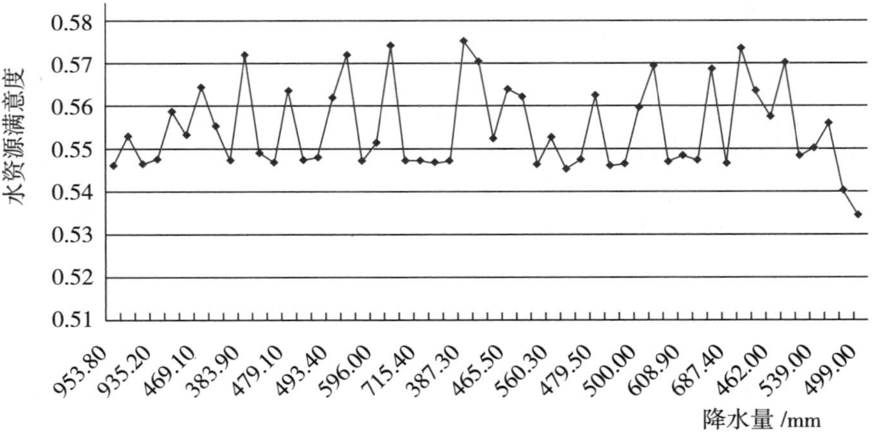

图 5-9　不同来水条件下的水资源满足程度

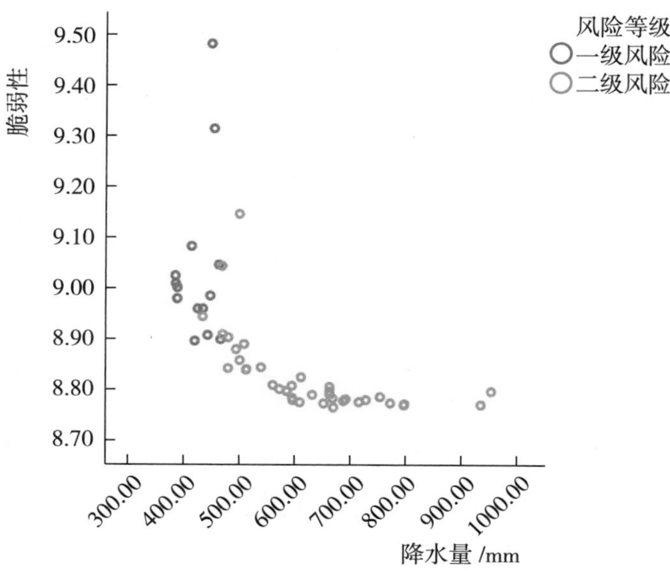

图 5-10　2020 年不同来水条件下的风险评价结果

（七）考虑南水北调进京条件下北京水资源供需分析评价

将 1986—2010 年历史数据根据降水量分为枯水年、平水年和丰水年，计算 3 种水文年由降水产生的平均水资源量，详见表 5-16。

表 5-16　不同水文年产生的水资源量

水文年	降水划分标准 /mm	年度	年降水量 /mm	水资源量 / 亿 m^3
枯水年	＜450	1999	373.00	14.22
		1997	410.00	22.25
		2002	413.00	16.11
		1993	423.00	19.42
		2000	438.00	16.86
		2006	448.00	20.66
		2009	448.00	21.84
	平均值		421.86	18.77
平水年	450 ～ 550	2003	453.00	18.40
		2001	462.00	19.20
		2005	468.00	17.77
		1989	480.00	21.55
		1992	491.00	22.44
		2007	499.00	23.81

续表

水文年	降水划分标准 /mm	年度	年降水量 /mm	水资源量 / 亿 m^3
平水年	450 ～ 550	2010	524.00	23.10
		2004	539.00	21.35
	平均值		489.50	20.95
丰水年	＞550	1986	560.00	27.03
		1988	590.00	39.18
		1995	596.00	30.34
		2008	638.00	34.20
		1996	656.00	45.87
		1991	665.00	42.29
		1990	667.00	36.86
		1998	686.00	37.70
		1994	724.00	45.42
	平均值		642.44	37.65

注：数据来源于《北京市环境公报》。

可供水量＝水资源量＋入境净水量＋南水北调水量－出境净水量，据此可计算或预测 2012 年、2015 年、2020 年和 2030 年可供水量。

缺水量＝用水量－再生水量－可供水量，据此再根据目标值，可计算或预测 2015 年、2020 年和 2030 年用水量，详见表 5–17。

表 5–17　北京市 2015 年、2020 年和 2030 年用水量

年度	用水量 / 亿 m^3	南水北调水量 / 亿 m^3	再生水使用比例 /%	再生水量 / 亿 m^3	入境净水量 / 亿 m^3	出境净水量 / 亿 m^3
2015	41.16	10.00	28.37	11.68	22.09	23.65
2020	45.26	10.00	33.00	14.94	22.09	23.65
2030	51.48	15.00	36.00	18.52	22.09	23.65

不同水文年可供水量、缺水量见表 5–18。由此可见，再生水使用比例的提高及南水北调引水进京可有效缓解北京市的缺水情势，对控制和降低北京市水资源供需风险起到了积极作用。

另外，制定并实施水资源风险管理预案，明确危机判别标准和方法、危机发布和处置程序，明确危机供水范围和供水对象，增加对水资源保障的投入，超前建设保障水资源安全的工程措施，都可以有效提高北京市水资源保障水平。

表 5-18　不同水文年可供水量、缺水量

水文年	年度	可供水量 / 亿 m^3	缺水量 / 亿 m^3
枯水年	2015	27.21	2.27
	2020	27.21	3.11
	2030	32.21	0.75
平水年	2015	29.39	0.09
	2020	29.39	0.93
	2030	34.39	–1.43
丰水年	2015	46.09	–16.61
	2020	46.09	–15.77
	2030	51.09	–18.13

二、水质风险控制

水环境作为城市环境的重要组成部分，是制约城市发展的主要瓶颈。城市因水而生、因水而兴、因水而美。因此，北京在政治、经济、文化等方面高速发展的阶段，要充分考虑水的问题，重视水的基础性工作，关注北京市水资源和水环境承载力，提高人们对水资源保护的意识，促进水与城市的和谐可持续发展。这就需要将“以水定规划、以水定发展”落到实处，对北京市水环境进行分析，确定水环境风险等级，继而采取相应的控制措施。

《地表水环境质量标准》(GB 3838—2002)中，依据地表水水域环境功能和保护目标，将水域按功能高低分为Ⅰ～Ⅴ类。本小节依据水域功能的高低，将北京市水环境分为上游水源地保护区、中游水功能区和下游排污区，并分别选用密云水库、官厅水库，“六海”(西海、后海、前海、北海、中海和南海) 、清河、通惠河、凉水河和坝河作为研究对象，分析和评价北京市水环境质量，为制定合理的控制措施提供依据。其中密云水库和官厅水库执行Ⅱ类水质标准，为重点水源地一级保护区，属于上游水源地保护区；“六海”执行Ⅲ类水质标准，为重要景观浏览水域，属于中游水功能区；清河、通惠河、凉水河和坝河执行Ⅳ类或Ⅴ类水质标准，为主要工农业用水区及人类非直接接触的娱乐用水区，属于下游排污区。

（一）上游水源地保护区水环境概况

北京的上游水源地主要包括密云水库、官厅水库和怀柔水库等。上游水源地的水质影响水库供水能力及居民的用水质量，如果上游地区不注意合理开发利用水资源并进行

必要的水质保护，必将导致下游水量急剧锐减，河库水质下降抑或恶化，对整个流域的水环境带来严重的不利影响，对流域水资源的可持续利用构成严重威胁。因此无论什么情况，保护上游水源地都是至关重要的。

本小节选用密云水库和官厅水库作为研究上游水域水环境风险分析的代表。密云水库规模宏大，控制流域面积为 15788km^2，总库容为 43.75 亿 m^3，最大坝高为 66m（白河主坝），坝顶长度为 960m（白河主坝），是中国乃至亚洲最大的人工湖，不仅担负供应北京、天津和河北省部分地区工农业用水和生活用水的任务，而且是北京集中式饮用水源一级保护区，在首都水源保障中占举足轻重的战略地位。官厅水库流域面积为 43402km^2，总库容为 41.6 亿 m^3，跨河北省怀来县和北京市延庆区，除了作为北京的水源地外，还是一座以防洪、供水、发电、灌溉为主的综合性水库。另外官厅水库是北方地区水功能退化大型地表水体的典型代表，研究并逐步恢复其水质具有巨大的经济价值、文化价值和生态价值。

这两大水库都曾出现过严重的水质问题。2002 年，密云水库首次爆发大面积蓝藻水华，使以密云水库为水源的供水区内的饮用水出现异味，给城市供水带来很大威胁（王蕾等，2006）。20 世纪 70 年代，官厅水库上游大量的工业废水和生活污水排入河道，80 年代水库有机污染严重及入库水量逐年锐减，1997 年年底被迫退出北京市饮用水供应系统（赵伟纯等，1994；王永玲，1997；梁涛，2001）。这两大水库的水质问题直接关系到居民的用水安全，再加之近年两大水库蓄水量急剧减少（两大水库 2009 年年末共蓄水 11.58 亿 m^3，比 2008 年年末 12.93 亿 m^3 少 1.35 亿 m^3），首都水资源短缺和水质污染问题日益凸显。

水体富营养化是造成水库水质下降的重要原因，按照《地表水资源质量评价技术规程》（SL 395—2007），参考河湖营养状态评价标准及分级方法，可将河湖（水库）营养级别分为贫营养（$0 \leqslant EI \leqslant 20$）、中营养（$20 < EI \leqslant 50$）、富营养（$50 < EI \leqslant 100$），其中富营养细分为轻度（$50 < EI \leqslant 60$）、中度（$60 < EI \leqslant 80$）和重度（$80 < EI \leqslant 100$），$EI$ 即营养状态指数。2005—2010 年密云水库和官厅水库富营养化状况评价见表 5-19。

表 5-19　2005—2010 年密云水库和官厅水库富营养化状况评价

水库名称	年度					
	2005	2006	2007	2008	2009	2010
密云水库	中营养	中营养	中营养	中营养	中营养	中营养
官厅水库	轻度富营养	轻度富营养	轻度富营养	轻度富营养	轻度富营养	中营养

从表 5-19 可以看出，密云水库作为北京集中式饮用水源地，水质较官厅水库好，营养状态为中营养，且 6 年水质没有发生明显变化。官厅水库水质较差，营养状态为轻度富营养，在市水务局及有关部门的综合治理下，营养化程度由 2009 年的轻度富营养状态转变为中营养状态，水质得到明显改善。

水体中藻类、高锰酸盐指数（COD_{Mn}）、总磷、总氮的含量和透明度能够反映水体的水质状况，是衡量湖泊水库富营养化程度的重要指标。2009—2010 年密云水库、官厅水库水质评价情况分别见表 5-20 和表 5-21。

表 5-20　2009—2010 年密云水库水质评价情况

年度	叶绿素 a 分值	高锰酸盐分值	总氮分值	总磷分值	透明度分值	营养状态指数	营养状态级别
2009	31	43	61	31	25	38	中营养
2010	41 ↑	43	61	31	28 ↑	41 ↑	中营养

注：“↑”表示指标分值相比上年增加，下同。

表 5-21　2009—2010 年官厅水库水质评价情况

年度	叶绿素 a 分值	高锰酸盐分值	总氮分值	总磷分值	透明度分值	营养状态指数	营养状态级别
2009	49	57	61	53	42	52	轻度富营养
2010	37 ↓	56 ↓	62 ↑	48 ↓	40 ↓	48 ↓	中营养

注：“↓”表示指标分值相比上年下降。

从表 5-21 可以看出，官厅水库除总氮分值外，各指标分值均有所下降，特别是叶绿素 a 分值下降明显。这与加大对官厅水库的综合治理力度有关。在治理中，应将重点放在控制上游桑干河和洋河氮磷等营养物的输入及延庆工业废水和生活污水的排放上。表 5-20 正好相反，密云水库 2010 年的水质较 2009 年有进一步恶化的趋势——2010 年叶绿素 a 分值由 2009 年的 31 增加到 41。叶绿素 a 分值常用来表示水体中浮游植物（藻类）的含量，水体中浮游植物过多就会导致水体中溶解氧的含量急剧下降，水质恶化。水体中浮游植物的含量与氮磷浓度有关，应当严格控制外源性营养物质的输入，从源头抓起，避免藻类和浮游生物迅速繁殖，改善水库富营养化状态。

（二）中游水功能区水环境概况

北京市中游水域水资源丰富，能有效调节局部水资源供需平衡，缓解北京水资源缺乏的压力。同时中游水域也是北京景观水的重要组成部分，其水质是面向国内外的窗口，体现了一座城市的经济发展和文明程度。保护好中游水域水资源，对促进流域经济的可持续发展及中华文化在世界的发展具有重要意义。

北京中游水域很多，本书选用“六海”为例分析北京城市河湖的富营养化现状，具有代表性和可行性。“六海”总面积为 142.11 万 km^2，岸堤长 3.5km，总蓄水量为 222.16 万 m^3，是北京的主要湖泊群。北海、中海和南海位于北京城内故宫和景山的西侧，故宫和景山是中国现存历史悠久、规模宏大、布置精美的宫苑，因此水质状况直接影响北京的市容景观和园林文化。同时，“六海”作为北京市重要的景观浏览水域，是我国旅游和文化的窗口。2003—2004 年水质监测数据分析发现，“六海”的水体已经受到严重污染，且呈恶化趋势，不仅对周围的环境和地下水造成严重影响，而且破坏了“六海”

的艺术价值，严重影响了我国的园林艺术水平。将“六海”作为目前城市浅水湖泊的代表，分析水环境风险控制，严格控制北京河湖水质标准，确保水环境的安全，具有典型性。

“六海”是由6个首尾相连的湖构成的湖泊群，自西北向南依次是西海、后海、前海、北海、中海和南海。其水源主要来自官厅水库及沿途湖岸径流和湖面降水，通过长河经铁灵闸放入，并依次经过各子湖，贯穿整个西城区后排入筒子河（图5-11）。

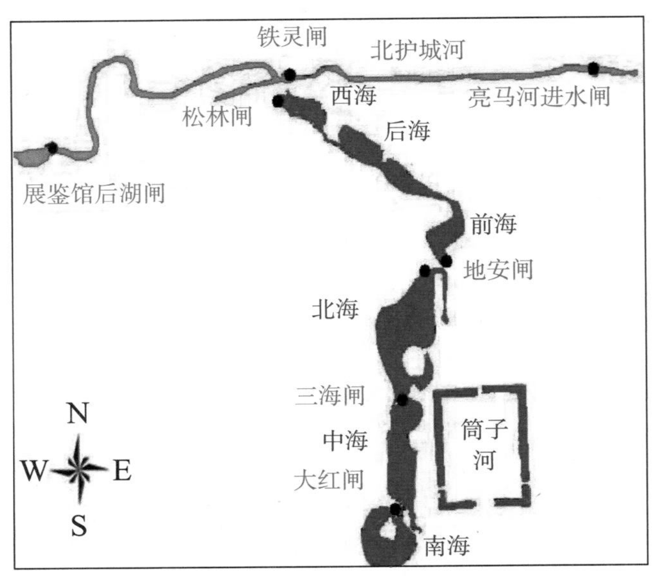

图5-11 “六海”概况

（三）下游排污区水环境概况

北运河流域面积占北京市总面积的27%，是京城最大的一条排污河道，每年排放污水和再生水为10.6亿m^3，每天有32万m^3污水直接入河，水系污染较为严重。整个流域除京密引水渠段是Ⅱ类水质外，其余为Ⅳ类和Ⅴ类，满足人类非直接接触的娱乐用水、农业用水及一般景观要求用水。

北运河在北京城区范围内的主要排污河道是清河、坝河、通惠河和凉水河，这些河道担负着供水、排水、美化环境、调节小气候的作用，也称为京城的四大排污河，为常年性排水洒道，兼行洪蓄水。由于北京城区的排水（包括经过处理和未经过处理的污水以及涝水）通过通惠河、凉水河、清河和坝河等城区排涝河道汇入北运河下泄，给北运河生态环境造成巨大压力，因此为了积极响应水务局的号召，还市民以清洁的河系，北京市对四大河道水环境进行风险分析，严格控制四大河道的水质，对改善北运河生态环境和恢复航道具有重要意义，同时通过四大河道预测北京河系的水环境状况更具代表性。

目前水质分类有较完整的国际标准和国家标准。根据清河、通惠河、凉水河和坝河的水体功能，可将其水质进行分类。清河、通惠河、凉水河、坝河水功能区划见表5-22。

表 5-22　清河、通惠河、凉水河、坝河水功能区划

水体名称	水体功能	水质分类	备注
清河上段	人体非直接接触的娱乐用水区	Ⅳ	安河闸—清河桥
清河下段	农业用水区及一般景观要求水域	Ⅴ	清河桥—沙子营
通惠河上段	一般工业用水区及娱乐用水区	Ⅳ	东便门—高碑店闸
通惠河下段	一般景观要求水域	Ⅴ	高碑店闸—通济桥
凉水河上段	人体非直接接触的娱乐用水区	Ⅳ	万泉寺—大红门
凉水河中下段	农业用水区及一般景观要求水域	Ⅴ	大红门—榆林庄
坝河上段	人体非直接接触的娱乐用水区	Ⅳ	东直门—驼房营
坝河下段	农业用水区及一般景观要求水域	Ⅴ	驼房营—温榆河

（四）“六海”、清河等中下游水质分析

1. “六海”水质分析

2005—2010 年“六海”丰水期富营养化程度见表 5-23。

表 5-23　2005—2010 年“六海”丰水期富营养化程度

湖泊	年度	叶绿素 a 分值	高锰酸盐分值	总氮分值	总磷分值	透明度分值	营养状态指数	营养状态级别
西海	2005	67	67	67	68	70	68	中度富营养
	2006	58	55	73	62	60	62	中度富营养
	2007	64	56	70	61	59	62	中度富营养
	2009	60	51	75	56	55	59	轻度富营养
	2010	61	54	73	54	57	60	轻度富营养
后海	2005	70	71	64	74	80	72	中度富营养
	2006	61	60	71	61	65	64	中度富营养
	2007	60	53	64	61	62	60	轻度富营养
	2009	49	49	73	54	46	54	轻度富营养
	2010	47	51	72	47	46	53	轻度富营养
前海	2005	70	70	62	68	79	70	中度富营养
	2006	63	61	70	61	66	64	中度富营养
	2007	60	55	62	54	60	58	轻度富营养

续表

湖泊	年度	叶绿素 a 分值	高锰酸盐分值	总氮分值	总磷分值	透明度分值	营养状态指数	营养状态级别
前海	2009	43	50	74	48	48	52	轻度富营养
	2010	38	51	72	46	45	50	轻度富营养
北海	2005	70	71	62	70	80	71	中度富营养
	2006	62	59	64	62	72	64	中度富营养
	2007	55	52	60	54	66	57	轻度富营养
	2009	62	52	69	52	57	58	轻度富营养
	2010	61	52	70	50	59	59	轻度富营养
中海	2005	62	66	62	56	61	61	中度富营养
	2006	66	64	58	56	72	63	中度富营养
	2007	58	53	64	50	64	58	轻度富营养
	2009	64	52	64	51	65	59	轻度富营养
	2010	62	53	68	51	59	59	轻度富营养
南海	2005	68	70	64	50	60	63	中度富营养
	2006	66	68	60	47	60	60	中度富营养
	2007	64	56	63	46	62	58	轻度富营养
	2009	64	53	62	49	59	58	轻度富营养
	2010	59	54	67	51	57	58	轻度富营养

根据表 5-23 分析得出，2005—2010 年丰水期“六海”综合营养状态指数有所降低，富营养状态有所改善，虽然从中度富营养状态逐步转变为轻度富营养状态，但是仍处于富营养状态。这也是北京城河湖普遍存在的问题。根据表 5-23 的数据，分别制作出“六海”的指标分值变化图，如图 5-12 ～图 5-17 所示。

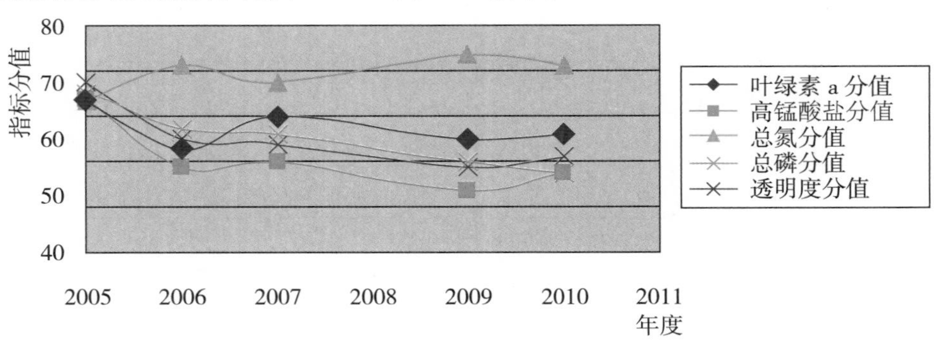

图 5-12　2005—2010 年西海各指标分值变化图

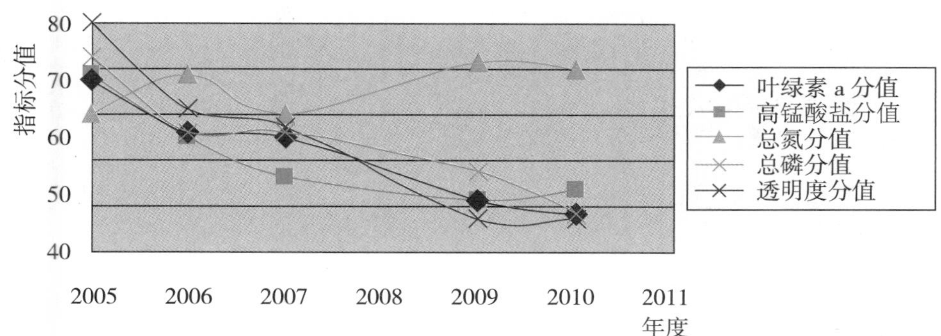

图 5-13　2005—2010 年后海各指标分值变化图

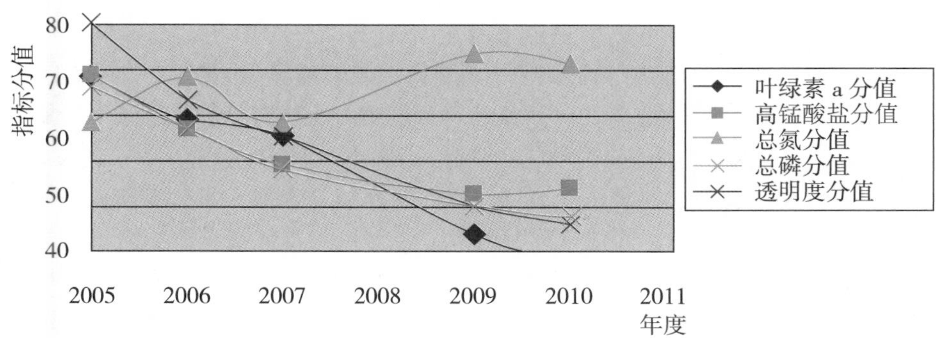

图 5-14　2005—2010 年前海各指标分值变化图

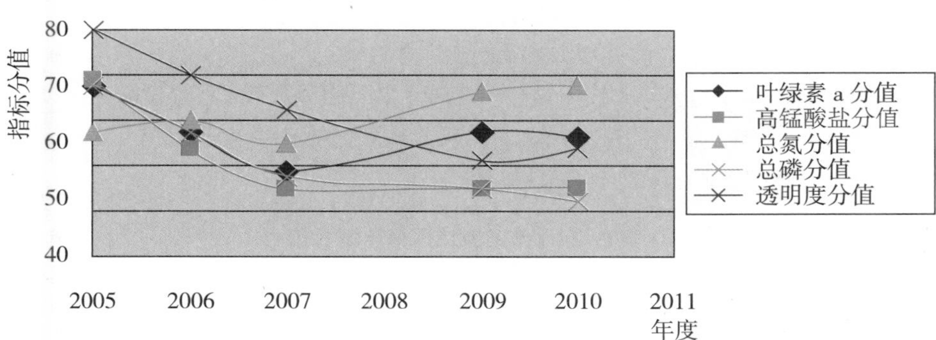

图 5-15　2005—2010 年北海各指标分值变化图

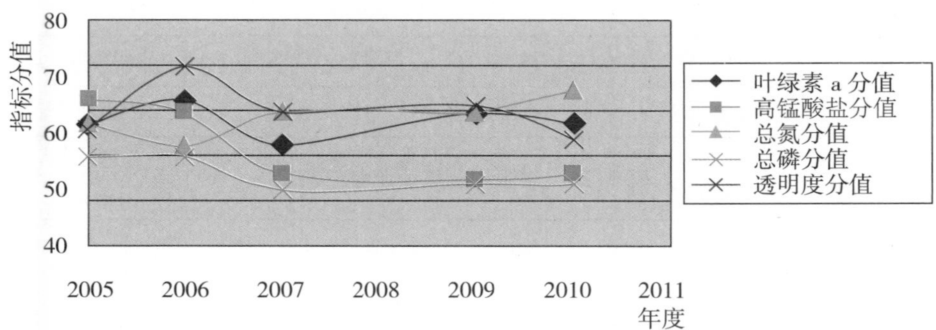

图 5-16　2005—2010 年中海各指标分值变化图

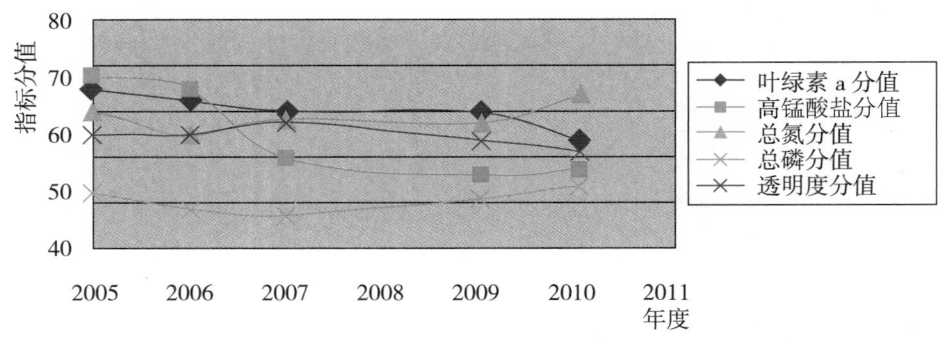

图 5-17　2005—2010 年南海各指标分值变化图

分析图 5-12 ～图 5-17 可以得出以下结论：① 2005—2010 年“六海”水体的总氮呈先上升后下降的趋势，但是总体水平一直维持在较高富营养状态，总氮（TN）大于 1.00mg/L，总磷（TP）大于 0.1mg/L，而氮、磷浓度是对水体富营养状态及水华影响最大的因素，一般认为总氮、总磷浓度分别达到 0.20mg/L 与 0.02mg/L 时，水体进入富营养阶段，2005—2010 年的总氮、总磷浓度表明“六海”水体已经进入富营养阶段；②后海、前海和北海除了总氮指标外，其他指标明显降低，对控制水体富营养状态有很大贡献，但是西海、中海和南海各指标处于波动状态，富营养状态相比后海和前海改变得并不明显，需要加强监管力度，以早日解决水体富营养状态；③丰水期“六海”水体高锰酸盐指数下降趋势明显，但仍处于较高水平，为藻类大量繁殖提供了充足的碳源，在丰水期持续高温和光照的情况下发生水华的风险很高。

2．清河、通惠河、凉水河、坝河水质分析

利用 SWAT（Soil and Water Assessment Tool）模型模拟清河、通惠河、凉水河、坝河流域面源氨氮、总氮、总磷的排放量，并比较分析各流域标准排放限值与实际排放量，可知各河道面源年排放量，详见表 5-24 ～表 5-27。

表 5-24　清河流域面源年排放量　　单位：t/a

年度	总氮排放量	总磷排放量	氨氮排放量	化学需氧量（COD）排放量
2008	96.74	11.48	30.39	2681.29
2009	36.75	4.43	9.43	1059.82
2010	96.03	13.58	15.74	2090.89
平均	76.51	9.83	18.52	1944.00

表 5-25　通惠河流域面源年排放量　　单位：t/a

年度	化学需氧量（COD）排放量	总氮排放量	总磷排放量	氨氮排放量
2008	6275.05	165.93	20.21	40.46
2009	2224.82	100.98	9.25	28.67

续表

年度	化学需氧量（COD）排放量	总氮排放量	总磷排放量	氨氮排放量
2010	3924.47	222.06	33.37	49.20
平均	4141.45	162.99	20.94	39.44

表 5-26　凉水河流域面源年排放量　　单位：t/a

年度	总氮排放量	总磷排放量	氨氮排放量	化学需氧量（COD）排放量
2008	488.53	59.15	133.50	3489.88
2009	359.63	45.35	85.46	20011.70
2010	275.26	39.86	52.87	5043.67
平均	374.47	48.12	90.61	9515.08

表 5-27　坝河流域面源年排放量　　单位：t/a

年度	总氮排放量	总磷排放量	氨氮排放量	化学需氧量（COD）排放量
2008	89.99	11.39	23.63	2125.17
2009	42.54	4.89	7.49	912.83
2010	75.51	10.46	19.23	2248.01
平均	69.34	8.91	16.78	1762.00

根据《地表水环境质量标准》（GB 3838—2002），可得出各河道总氮、总磷、氨氮、化学需氧量（COD）标准排放量。各河道水体的标准排放限值与实际排放量详见表 5-28。

表 5-28　各河道水体的标准排放限值与实际排放量　　单位：t/a

水体名称	水质级别	标准排放量限值				实际排放量			
		总氮	总磷	氨氮	COD	总氮	总磷	氨氮	COD
清河	V	22.70	4.50	22.70	454	76.51	9.83	18.52	1944.00
通惠河	V	27.13	5.43	27.13	542.4	162.99	20.94	39.44	4141.45
凉水河	V	72.80	14.62	72.80	1456.4	374.47	48.12	90.61	9515.08
坝河	V	17.14	3.41	17.14	342.8	69.34	8.91	16.78	1762.00

各流域实际排放量与标准排放限值对比图如图 5-18 ～图 5-21 所示。

从图 5-18 可以看出，清河氨氮排放量低于标准排放限值，总氮、总磷超标，实际排放量分别是标准排放限值的 3.37 倍和 2.2 倍。

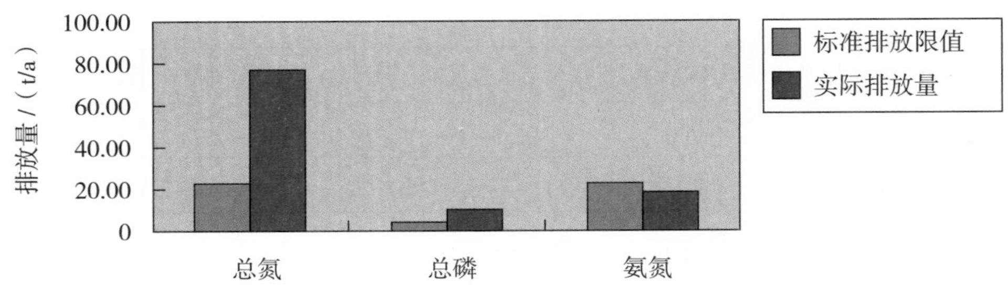

图 5-18　清河实际排放量与标准排放限值对比图

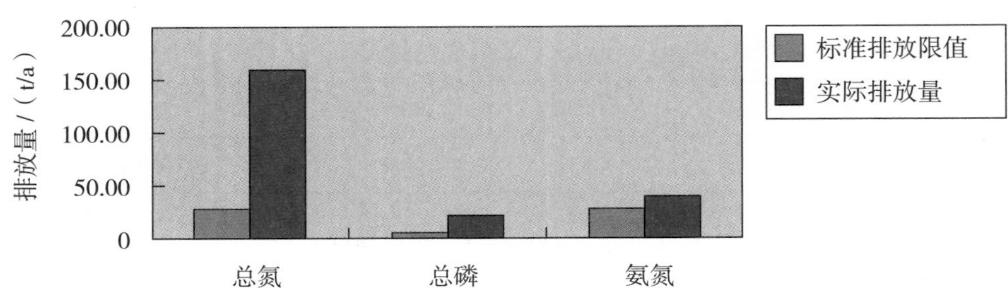

图 5-19　通惠河实际排放量与标准排放限值对比图

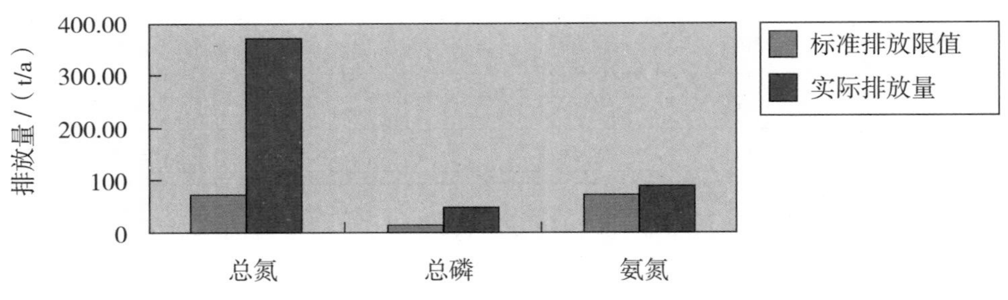

图 5-20　凉水河实际排放量与标准排放限值对比图

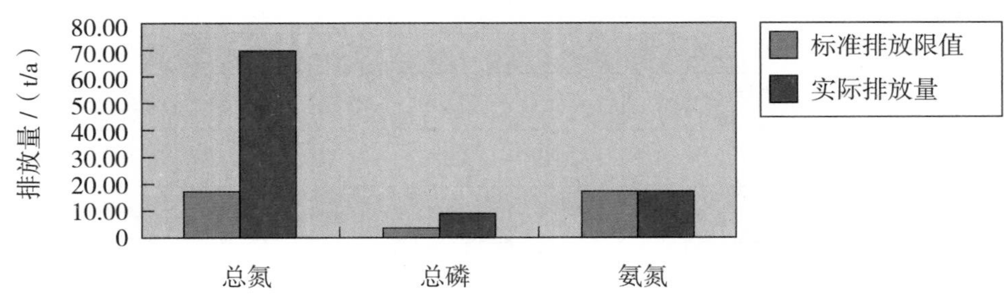

图 5-21　坝河实际排放量与标准排放限值对比图

从图 5-19 可以看出，通惠河各项指标均超标，氨氮实际排放量是标准排放限值的 1.46 倍，总磷实际排放量是标准排放限值的 3.88 倍，总氮实际排放量是标准排放限值的 6.01 倍。

从图 5-20 可以看出，凉水河各项指标均超标，超标程度从小到大依次是氨氮、总磷、总氮。氨氮实际排放量是标准排放限值的 1.25 倍，总磷实际排放量是标准排放限值的 3.30 倍，总氮的排放量实际排放量是标准排放限值的 5.14 倍。

从图 5–21 可以看出，坝河氨氮实际排放量低于标准排放限值。总磷实际排放量是标准排放限值的 2.84 倍，总氮实际排放量是标准排放限值的 4.05 倍。

从以上比较分析中可以看出，各流域均存在超标现象，特别是总氮排放量超标严重，通惠河总氮排放量高达标准排放限值的 6.01 倍。

经过大量研究发现，更多磷的输入不一定引起藻类的大量繁殖，藻类的急剧生长主要取决于氮、磷浓度之比（黄振芳等，2010）。因此必须重视对排入下游污水和涝水水体中氮进行控制，避免水质进一步恶化。

（五）水环境风险等级评价

1. 风险等级判别方法

对于某个具体的敏感风险受体而言，其风险受周围多个风险源的影响，因此风险受体的风险值是对它有影响的多个风险源的综合风险值。因为氨氮、高锰酸盐指数、生化需氧量（BOD_5）、总磷和总氮是判断水体水质的重要指标，所以选用氨氮、高锰酸盐指数、生化需氧量（BOD_5）、总磷和总氮最大指标超标倍数作为风险判别的指标体系。

最大水质超标倍数（逄勇等，2009）体现了风险事故对受体的危害程度，决定事故应急处理的难易程度。其数学表达式为［式（5–18）］

$$\text{最大水质超标倍数}=\frac{C_{\text{实际}}-C_{\text{标准}}}{C_{\text{标准}}} \tag{5-18}$$

式中　$C_{\text{实际}}$——实际污染物排放量；

$C_{\text{标准}}$——参考《地表水环境质量标准》（GB 3838—2002）中的数值。

本次风险判别将风险分为高、中、低、极低 4 个等级，详见表 5–29。

表 5–29　风险分级表

项目	最大水质超标倍数			
	不超标	0 <倍数≤ 2	2 <倍数≤ 5	倍数> 5
风险等级	极低风险	低风险	中风险	高风险

2. 风险等级判别

密云水库、官厅水库是北京市重要水源地，执行Ⅱ类水质标准，水体功能为重点水源地一级保护区，属于上游水源地保护区。

“六海”是北京重要的景观浏览水域，执行Ⅲ类水质标准，水体功能为重要浏览区，属于中上游水功能区。

清河、通惠河、凉水河和坝河是北京市区范围内主要排污河道，执行Ⅳ类和Ⅴ类水体功能，属于下游排污区。

现分别对执行不同水体功能的下游排污区、中上游水功能区和上游水源地保护区进行风险等级判别，其标准排放限值与实际排放值详见表 5-30 ～表 5-32。

表 5-30　密云水库和官厅水库标准排放限值与实际排放值（2008—2010 年）

水库	水质分类	标准排放限值 /（mg/L）					实际排放值 /（mg/L）					水质超标倍数	风险等级
		氨氮	COD	BOD_5	TP	TN	氨氮	COD	BOD_5	TP	TN		
密云水库	Ⅱ	0.50	15.00	3.00	0.03	0.50	0.40	5.50	2.34	0.06	1.24	—	—
各指标超标倍数		—	—	—	—	—	−0.20	−0.63	−0.22	1.00	1.48	0.29	低
官厅水库	Ⅱ	0.50	15.00	3.00	0.03	0.50	0.27	6.42	2.48	0.09	1.45	—	—
各指标超标倍数		—	—	—	—	—	−0.50	−0.57	−0.17	2.60	1.90	0.66	低

注：“—”表示无对比。

表 5-31　“六海”标准排放限值与实际排放值（2007—2010 年）

湖泊	水质分类	标准排放限值 /（mg/L）				实际排放量 /（mg/L）				水质超标倍数	风险等级
		总氮	总磷	氨氮	高锰酸盐	总氮	总磷	氨氮	高锰酸盐		
西海	Ⅲ	1.00	0.05	1.00	6.00	1.79	0.11	0.70	6.30	0.40	低
后海	Ⅲ	1.00	0.05	1.00	6.00	1.35	0.11	0.62	5.00	0.30	低
前海	Ⅲ	1.00	0.05	1.00	6.00	1.19	0.07	0.43	5.90	0.0008	低
北海	Ⅲ	1.00	0.05	1.00	6.00	1.01	0.09	0.58	4.80	0.04	低
中海	Ⅲ	1.00	0.05	1.00	6.00	1.42	0.07	0.53	5.20	0.05	低
南海	Ⅲ	1.00	0.05	1.00	6.00	1.05	0.07	0.67	6.40	0.04	低

表 5-32　清河、通惠河、凉水河和坝河的标准排放限值与实际排放值（2008—2010 年）

河流	水质分类	标准排放量限值 /（t/a）				实际排放量 /（t/a）				水质超标倍数	风险等级
		总氮	总磷	氨氮	COD	总氮	总磷	氨氮	COD		
清河	Ⅴ	23.00	4.50	22.70	454.00	76.50	9.83	18.52	1944.00	3.07	中
通惠河	Ⅴ	27.00	5.43	27.10	542.40	163.00	20.94	39.44	4141.50	6.25	高
凉水河	Ⅴ	73.00	14.62	72.80	1456.40	374.00	48.12	90.61	9515.10	5.20	高
坝河	Ⅴ	17.00	3.41	17.10	342.80	69.30	8.91	16.78	1762.00	3.88	中

根据表 5-30 ～表 5-32 可以得出以下结论。

（1）虽然密云水库和官厅水库存在较低风险，但是总氮、总磷的含量远超于Ⅱ类水质标准。

（2）虽然“六海”水质超标，但是风险较低。仔细分析数据可以发现，总氮和总磷含量超标明显，西海总氮含量超标高达 80%，后海总磷超标 100%，是造成水质恶化的重要原因。

（3）4 条排污河均存在风险且通惠河和凉水河为高风险水域。清河、通惠河、凉水河和坝河虽然是排污河，满足人类非直接接触的娱乐用水、农业用水及一般景观要求用水，但是水质污染会直接影响到北京市工农业污水的排放，还会间接影响到地下水和周围的环境。

水环境作为城市环境的重要组成部分，已成为制约城市发展的主要瓶颈，因此须关注北京市水资源和水环境承载力，提高人们对水资源保护的意识，促进水与城市的和谐可持续发展。控制水环境风险，就需要对北京市水环境水质进行分析，加强区界等重要控制断面、水功能区和地下水的水质水量监测能力建设和排污控制；加强排水、入河湖排污口计量监控设施建设，逐步建立水质监控管理平台；加快应急机动监测能力建设，全面提高监控、预警和管理能力。

第六章

最严格水资源管理考核制度及实施效果

第一节　北京市最严格水资源管理考核制度研究

一、考核要点分析

1. 考虑不同区域差异，因地制宜制定考核指标，充分体现政策引导作用

从精细化管理与分区考核等方面考虑，可按功能定位将城区细分为首都功能核心区和城市功能拓展区，将郊区细分为城市发展新区和生态涵养发展区。考核指标方面，一方面可结合北京实际，增加具有北京特色的指标，如再生水利用率、城市绿地节水灌溉、用水计量率等；另一方面可结合不同功能区特点实行差别化的考核，不同区域设置不同的考核指标，不同区域考核指标采用不同的权重，如城区可不考虑农田灌溉水有效利用系数指标，增加与城区关系更为密切的指标，如污水管网收集率、节水器具普及率等指标，适当加大城区用水总量控制指标的权重，而郊区可增加水源地水质达标率等指标，适当减少用水总量控制指标的权重。

2. 细化制度建设与措施落实考核，突出规范化、精细化、信息化管理

北京市已全面建立建设项目水影响评价和取水许可制度，加大推进规划水资源论证制度落实，基本建立市、区两级计划用水管理体制。而最严格水资源管理考核制度的有效实施需要完善的政策制度支持，需要严格的考核推动，需要长期、大量监测统计数据资料支撑。因此，制定最严格水资源管理考核制度，应细化和明确制度建设和措施落实考核要求，完善用水计量制度，规范取用水统计内容，推进规范精细化管理。同时，加强软硬件建设、水资源管理信息化建设和水资源管理数据共享，形成最严格水资源管理制度信息采集、传输、应用的系统平台，提高水资源管理信息程度。

3. 兼顾用水效率和效益管理，促进水资源开发利用机制和经济发展方式转变

部分产业或行业低产值、高耗水，不仅对达到最严格水资源管理制度考核目标产生影响，而且制约北京市水资源综合调控利用和社会经济全面发展。在考核方案的设计中更要侧重用水、节水、减污效益的综合管理，在水资源开发、利用、配置、节约各环节考核内容的设置上强化用水效率和效益管理，从“供水管理”向“需水管理”转变，同时鼓励非常规水资源利用和低影响开发、源头控制，以持续推进产业结构优化和布局调整，逐步淘汰能耗高、污染重的产业，促进经济发展方式转变，以可持续的水资源利用支撑社会经济的可持续发展。

4. 形成最严格水资源管理制度考核社会参与机制，加强社会监督

北京作为人口稠密、产业密布的特大型城市，公众环保意识的提高及参与解决水问题的积极性，对提高水资源管理的效率和效果至关重要。因此，应将公众监督评价纳入水资源管理考核指标，推动各区充分利用媒体、网络等平台，普及先进的水资源和水生态伦理价值观，加强节水、爱水、护水、亲水等水文化教育，建立水资源信息管理网上互动平台，强化最严格水资源管理制度宣传，促进社会节水、减污意识从被动宣传推动向自律和自觉参与过渡。

5. 狠抓责任落实，严明惩戒措施，严肃考核问责

严格的制度只有严格落实才能发挥效力，要让“三条红线”真正成为带电的“高压线”，关键在于落实。以往水资源管理手段和效果不佳，主要原因是未形成管理上的硬约束和硬手段，相关措施没能以考核、审批运行等手段予以体现。因此，全面落实最严格水资源管理制度，要严明惩戒措施，严肃考核问责，一旦有人逾越红线应严惩不贷，让相关责任人在水资源“三条红线”上真正受到惩戒，避免考核责任偏弱性、规范性和约束性不强、易流于形式等问题。

二、考核制度框架

1. 考核依据

为落实“以水定城、以水定地、以水定人、以水定产”的发展思路，推进实行最严格水资源管理制度，确保实现水资源开发利用和节约保护的主要目标，根据《中华人民共和国水法》《国务院关于实行最严格水资源管理制度的意见》（国发〔2012〕3 号）、《国务院办公厅关于印发实行最严格水资源管理制度考核办法的通知》（国办发〔2013〕2 号）、《北京市人民政府关于实行最严格水资源管理制度的意见》（京政发〔2012〕25 号）等有关法律和政策规定，制定管理办法。

2. 考核原则

最严格水资源管理制度考核工作坚持客观公平、科学规范、注重实效、奖惩结合的原则。

3. 考核主体

由北京市政府牵头对各区政府实行最严格水资源管理制度落实情况进行考核。市政府督查室、市政府绩效办、市发展改革委、市经济信息化委、市监察局、市财政局、市国土局、市环保局、市住房城乡建设委、市农委、市水务局、市商务委、市审计局、市统计局等部门组成考核工作组。考核工作组办公室设在市水务局，负责考核工作的具体组织实施。

4. 考核对象

各区政府是实行最严格水资源管理制度的责任主体，区政府主要负责人对本行政区域水资源管理和保护工作负总责。

5. 考核内容

实行最严格水资源管理制度考核内容包括用水总量控制、用水效率控制、水功能区限制纳污（以下简称“三条红线”）目标完成情况，制度建设和措施落实情况。

（1）“三条红线”目标完成情况。主要包括以下 3 个方面。

1）用水总量控制考核。主要考核新水用量、再生水用量、地下水开采量。

2）用水效率控制考核。①城区：主要考核万元地区生产总值水耗下降率、万元工业增加值用水量下降率、园林绿地节水灌溉率、用水计量率、节水型企业（单位）覆盖率和节水型器具普及率；②郊区：主要考核万元地区生产总值水耗下降率、万元工业增加值用水量下降率、园林绿地节水灌溉率、农田灌溉水有效利用系数、农业用新水量下降

率和用水计量率。

3）水功能区限制纳污考核。①城区：主要考核水功能区水质达标率、跨界断面水质浓度指标、污水管网收集率。②郊区：主要考核水功能区水质达标率、跨界断面水质浓度指标、城镇污水处理率、集中式饮用水水源水质达标率，条件成熟时将地下水水位等相关指标纳入考核。

（2）制度建设与落实情况。制度建设和措施落实情况包括用水总量控制、用水效率控制、水功能区限制纳污、其他制度建设及相应措施落实情况和公众满意率。

1）用水总量控制。主要考核水影响评价制度及其（规划和建设项目）执行情况、取水许可制度（审批、监管、年度计划编制等）落实情况、取用水户监管实施情况、自备井置换和封填情况、水资源与污水处理费征收及其使用情况、取用水计量设施安装情况、地下水水位控制及取水管理和保护情况等。

2）用水效率控制。主要考核计划用水和节约用水制度落实情况，节水“三同时”管理制度实施情况，节水型社会、工业园区、社区、学校、机关和企事业单位等创建情况，工业企业节水技术改造情况，用水户水平衡测试制度落实情况，农业高效节水设施建设情况，城镇居民节水器具普及情况，城乡集中式供水、供水管网改造和管网漏损率控制情况，非传统水源（再生水、雨洪水、建筑排水等）开发利用情况，城镇绿化再生水使用情况等。

3）水功能区限制纳污控制。主要考核水功能区水质达标情况、河湖水环境治理工程建设情况、入河排污口制度（审批、监管、监测等）落实情况、排水户排水许可登记制度及审批情况、农业面源治理情况、饮用水源地划定和保护情况、生态清洁小流域建设情况、跨界断面生态环境补偿制度落实情况、城镇排水管网完善与建设情况、突发性水污染应急响应预案及能力建设情况等。

4）其他制度建设及相应措施落实情况。主要考核最严格水资源管理制度组织体系建设运行情况，区最严格水资源管理制度指标分解到各街道、乡（镇）和用水单位情况及其考核落实情况，取用水设施和水功能区水质监控建设情况，水价和水资源相关政策制度落实情况，最严格水资源管理制度台账建设和统计数据上报及时性、准确性、规范性情况，水资源管理监督执法情况，最严格水资源管理制度培训、宣传情况，水资源管理人才队伍建设与培训情况，水资源管理信息化建设情况。

5）公众满意率。主要考核社会公众、用水户等对本地区实行最严格水资源管理制度的评价，市相关部门对本地区实行最严格水资源管理制度的评价。

6. 考核等级

考核评定采用评分法，满分为 100 分，用水总量控制红线占 20 分，用水效率控制红线占 25 分，水功能区限制纳污控制红线占 25 分，水资源管理责任和考核制度建设占 30 分。考核结果划分为优秀、良好、合格、不合格 4 个等级。考核得分 90 分以上（含 90 分）为优秀，80 分以上（含 80 分）、90 分以下为良好，60 分以上（含 60 分）、80 分以下为合格，60 分以下为不合格。

具体考核赋分方案由市水行政主管部门会同相关部门另行制定。

7. 考核分期

考核工作与北京市国民经济和社会发展规划相对应，每 5 年为一个考核期，采用年度考核和期末考核相结合的方式。年度考核为每年年初对上年度工作情况进行考核，期末考核为每个考核期结束后的次年上半年对过去 5 年总体工作情况进行考核。

8. 考核程序

各区政府在每年或在考核期末次年 1 月底前，将本行政区上一年度或上一考核期落实最严格水资源管理的工作总结、自评情况和相关指标完成情况形成自评报告报考核工作组办公室，同时抄送市发展改革委等考核工作组成员单位。考核工作组负责对各区政府报送的自评报告进行审核，并根据审核情况进行重点抽查或现场检查，形成年度或期末考核总体情况报告，于当年或次年 3 月底前上报市政府，经市政府审定后向社会公布。

9. 考核结果

经市政府审定的年度和期末考核结果，作为对区政府主要负责人和领导班子进行综合考核评价的重要依据。

10. 奖惩措施

市政府对期末考核等次为优秀的区政府予以通报表扬，市有关部门要在相关项目安排上优先予以支持。

年度或期末考核等次为不合格的区政府，应在考核结果公布后一个月内，向市政府作出书面报告，提出限期整改措施，同时抄送考核工作组成员单位。整改期间，暂停该区建设项目水影响评价审查等涉水事项审批。

对于在考核中瞒报、谎报的区政府，市政府予以通报批评，并依法依规追究相关责任人员的责任。

第二节　专题探讨——2017 年北京市最严格水资源管理制度考核方案设计

一、考核方案设计思路分析

1. 考核内容设置要结合北京市特点

（1）结合北京市水资源短缺的形势。

（2）结合北京市水资源结构。北京市年供水量约为 40 亿 m^3，其中再生水和外调水占供水总量的 50% 左右。

（3）结合北京市用水结构特点。北京市生产用新水中农业用水占比超过 60%，用水效率提升工作中，农业用水是重点。

北京市水资源管理特点与考核指标的关系如图 6-1 所示。

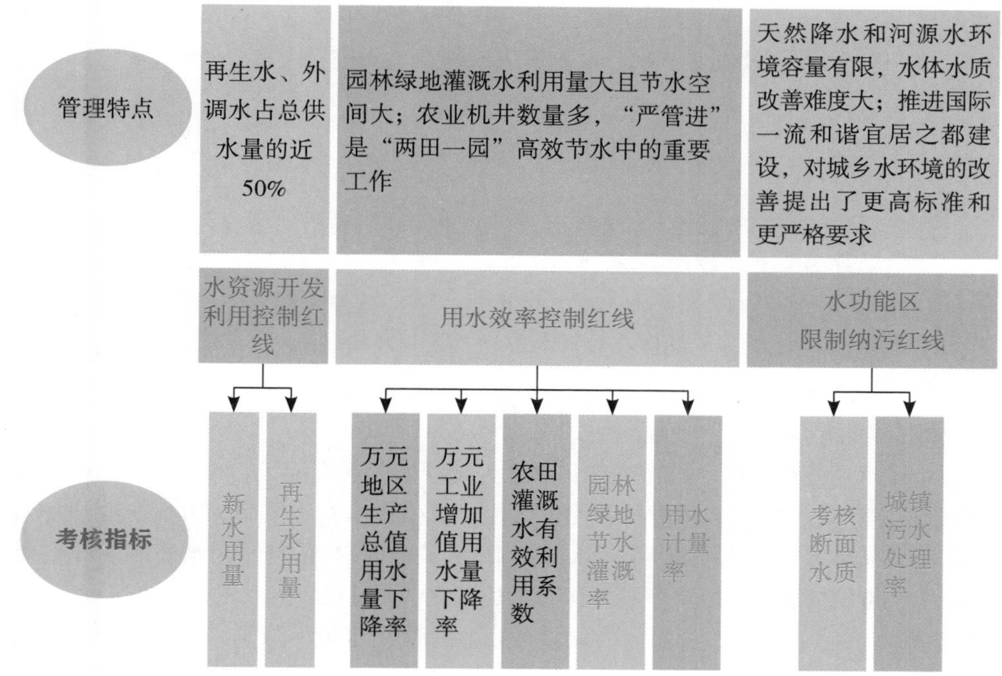

图 6-1　北京市水资源管理特点与考核指标的关系

2. 考核内容设置要体现各区差异化

根据《北京城市总体规划（2016 年—2035 年）》“一核一主一副、两轴多点一区”的城市空间结构划分，将 16 个区分为 4 个考核类别，分别为首都功能核心区（东城、西城）、中心城区（朝阳、海淀、丰台、石景山）、城市副中心及平原区新城（通州、顺义、大兴、昌平、房山）和生态涵养区（门头沟、平谷、怀柔、密云、延庆）。根据总体规划空间布局划分和各区在资源禀赋、发展基础、发展水平等方面的差异，在考评指标权重设置上有所差别。

对首都功能核心区和中心城区，首要考虑非首都功能疏解、生态环境改善等要求，重点考评水资源开发利用控制红线和水功能区限制纳污红线，分数权重向新水用量和考核断面水质等指标倾斜。

对于城市副中心及平原区新城——作为承接中心城区适宜功能、服务保障首都功能的重点地区，综合考虑集约高效发展、控制建设规模等要求，重点考评水资源开发利用控制红线和用水效率红线，主要包括新水用量、再生水用量、万元地区生产总值用水量下降率、园林绿地节水灌溉率等指标。

对于生态涵养区，首要考虑生态环境保护和绿色发展，重点考评用水效率控制红线和水功能区限制纳污红线，主要包括农田灌溉水有效利用系数、考核断面水质等指标。

3. 考核内容设置要突出重点

为进一步推动落实河长制、水环境治理、节水型社会建设、绿色生态发展等重点工作，在制度建设及措施落实中增加河长制、水环境治理、节水型社会建设、绿色生态发展考核内容，对河长制、黑臭水体和排污口治理、节水型企业（单位）和节水型社区（村庄）创建、“两田一园”高效农业节水、水土流失治理等工作进行考核。

二、考核内容

考核内容包括“三条红线”考核指标，相关制度和措施落实情况两个部分。

1. “三条红线”考核指标

各区根据功能定位不同，考核内容及考核指标赋分情况不同。

（1）首都功能核心区。首都功能核心区包括东城区和西城区，主要考核新水用量、再生水用量、万元地区生产总值用水量下降率、园林绿地节水灌溉率、用水计量率、考核断面水质6项指标。

（2）城市功能拓展区。城市功能拓展区包括朝阳区、海淀区、丰台区和石景山区，主要考核新水用量、再生水用量、万元地区生产总值用水量下降率、万元工业增加值用水量下降率、园林绿地节水灌溉率、用水计量率、考核断面水质、城镇污水处理率8项指标。

（3）城市发展新区。城市发展新区包括通州区、顺义区、大兴区、昌平区和房山区，主要考核新水用量、再生水用量、万元地区生产总值用水量下降率、万元工业增加值用水量下降率、园林绿地节水灌溉率、农田灌溉水有效利用系数、用水计量率、考核断面水质、城镇污水处理率9项指标。

（4）生态涵养发展区。生态涵养发展区包括门头沟区、平谷区、怀柔区、密云区和延庆区，主要考核新水用量、再生水用量、万元地区生产总值用水量下降率、万元工业增加值用水量下降率、园林绿地节水灌溉率、农田灌溉水有效利用系数、用水计量率、考核断面水质、城镇污水处理率9项指标。

考核指标评分方式见表6–1。

表6–1　考核指标评分方式

考核指标	考核项目	计分方式
水资源开发利用控制红线	新水用量	①年度实际用量高于年度控制目标，该项目不合格，得分 $=\frac{\text{年初控制目标}}{\text{年度控制目标}}\times$ 项目分值 ×90%×0.8； ②年度实际用量不高于年度目标，该项目合格，得分=项目分值 ×90%； ③年度实际用量每下降1个百分点，得分增加项目奖励分值的50%，最高加至该项目满分
水资源开发利用控制红线	再生水用量	①年度实际用量低于年度控制目标，该项目不合格，得分= $\frac{\text{年度实际用量}}{\text{年度控制目标}}\times$ 项目分值 ×90%×0.8； ②实际用量不低于年度控制目标，该项目合格，得分=项目分值 ×90%； ③年度实际用量每提高1个百分点，得分增加项目奖励分值的50%，最高加至该项目满分

续表

考核指标	考核项目	计分方式
用水效率控制红线	万元地区生产总值用水量下降率	①年度万元地区生产总值用水量下降率低于年度控制目标，该项目不合格，得分$=\frac{\text{年度万元地区生产总值用水量下降率}}{\text{年度控制目标}}\times$项目分值$\times 90\% \times 0.8$； ②年度万元地区生产总值用水量下降率不低于年度控制目标，该项目合格，得分＝分值 ×90%； ③万元地区生产总值用水量下降率每提高 1 个百分点，得分增加项目奖励分值的 50%，最高加至该项目满分
	万元工业增加值用水量下降率	①年度万元工业增加值用水量下降率低于年度控制目标，该项目不合格，得分$=\frac{\text{年度万元工业增加值用水量下降率}}{\text{年度控制目标}}\times$项目分值$\times 90\% \times 0.8$； ②年度万元工业增加值用水量下降率不低于年度控制目标，该项目合格，得分＝项目分值 ×90%； ③万元工业增加值用水量下降率每提高 1 个百分点，得分增加项目奖励分值的 50%，最高加至该项目满分
	园林绿地节水灌溉率	由北京市园林绿化局进行打分
	农田灌溉水有效利用系数	①年度农田灌溉水有效利用系数低于年度控制目标，该项目不合格，得分$=\frac{\text{农田灌溉水有效利用系数实际值}}{\text{年度控制目标}}\times$项目分值$\times 90\% \times 0.8$； ②年度农田灌溉水有效利用系数不低于年度控制目标，该项目合格，得分＝项目分值 ×90%； ③年度农田灌溉水有效利用系数每提高 0.001，得分增加项目奖励分值的 50%，最高加至该项目满分
	用水计量率	①年度用水计量率低于年度控制目标，该项目不合格，得分＝$\frac{\text{年度用水计量率}}{\text{年度控制目标}}\times$项目分值$\times 90\% \times 0.8$； ②年度用水计量率不低于年度控制目标，该项目合格，得分＝项目分值 ×90%； ③用水计量率每提高 1 个百分点，得分增加项目奖励分值的 50%，最高加至该项目满分； ④年度用水计量率已达 100%，该项目为满分
水功能区限制纳污红线	考核断面水质	①考核工作组对各区全部考核断面逐一进行考核，各区考核断面水质项目年度得分为该区全部考核断面年度得分之和； ②各区每个考核断面的分值$=\frac{\text{各区考核断面水质项目分值}}{\text{该区考核断面的数量}}$，考核断面水质达标，该考核断面得满分； ③在达到水质达标年限之前，考核断面水质未达标，但比上年度提高 1 个水质类别的，该考核断面可得满分； ④各考核断面在水质达标年限及其之后年度的考核中，水质必须达标，否则不得分

续表

考核指标	考核项目	计分方式
水功能区限制纳污红线	城镇污水处理率	①污水处理率低于年度控制目标，该项目不合格，得分＝$\frac{\text{污水处理率}}{\text{年度控制目标}}$× 项目分值 ×90%×0.8； ②污水处理率达到年度控制目标，该项目合格，得分＝项目分值 ×90%； ③污水处理率每提高 1 个百分点，得分增加项目奖励分值的 50%，最高加至该项目满分； ④污水处理率已达 100%，该项目为满分

2. 相关制度和措施落实情况

（1）东城区、西城区主要考核河长制、计划用水管理制度、水影响评价审查制度、水资源有偿使用制度、管网漏损率、节水型社会建设、水资源管理责任和考核制度 7 项内容。

（2）东城区、西城区外其他区考核河长制、计划用水管理制度、水影响评价审查制度、水资源有偿使用制度、水环境治理、排水户排水许可登记制度、地下水位控制、饮用水源地保护、农业面源污染治理、自备井管理和管网漏损率、节水型社会建设、绿色生态发展、水资源管理责任和考核制度 13 项内容。

（3）河长制、水环境治理、节水型社会建设、绿色生态发展 4 项为 2017 年新增内容。河长制主要考核落实河长制各项工作要求。水环境治理主要考核黑臭水体和排污口治理。节水型社会建设主要考核节水单位和社区创建任务、雨洪利用、农业节水，其中农业节水主要考核农业水价综合改革实施方案和农业高效节水三年实施方案的出台。绿色生态发展主要考核新增水土流失治理面积任务完成率。

（4）原先有关自备井管理的考核变更为置换任务完成率考核，新增老旧小区内部供水管网改造和管网漏损率考核。

（5）新增计划用水管理的过程管理考核。

东城区、西城区相关制度和措施落实情况考核目标及评分标准见表 6-2，东城区、西城区外其他区相关制度和措施落实情况考核目标及评分标准见表 6-3。

表 6-2 东城区、西城区相关制度和措施落实情况考核目标及评分标准

落实情况	考核项目	分值	考核目标	评分标准	计算公式
制度建设和措施落实情况	河长制	8	按要求落实河长制各项工作	①出台区级河长制方案，得2分，未出台不得分； ②确定、公示河长制名单，已完成得2分，未完成不得分； ③完成河长制信息公示牌设立，全部完成得2分，未全部完成的按照公示牌设立完成率实际值计分，完成率低于90%不得分； ④按要求建立区级、乡镇级河长制配套制度并严格实施，具体包括会议、巡查、信息共享、信息报送、工作督查、考核、验收7项制度，全部完成得2分，有1项未完成扣0.5分，最多扣2分	公示牌设立完成率（%）$=\frac{已设数量}{应设数量}\times 100$
	计划用水管理制度	5	严格执行计划用水管理制度，年度用水计划下达到本区各街道、乡（镇）和用水单位，依法加强用水过程管理	①计划用水覆盖率达到90%及以上得3分，计划用水覆盖率每下降1%扣1分，最多扣3分； ②用水过程管理规范，得2分，不符合计划用水和定额管理和取水许可相关规定的，发现1例扣0.5分，最多扣2分	计划用水覆盖率（%）$=\frac{纳入计划管理的非居民用水户实际新水用量}{非居民新水总用量}\times 100$
	水影响评价审查制度	2	严格执行水影响评价审查制度，建设项目水影响评价（含规划水资源论证）审查率达100%	①严格落实建设项目水影响评价审查制度，将其作为项目立项审批的前置条件，得1分； ②审查率达到100%得1分，审查率每降低1个百分点，扣0.2分，扣完为止	建设项目水影响评价审查率（%）$=\frac{审批项目中开展建设项目水影响评价的数量}{建设项目审批总数}\times 100$

续表

落实情况	考核项目	分值	考核目标	评分标准	计算公式
制度建设和措施落实情况	水资源有偿使用制度	4	严格执行水资源有偿使用制度，水资源费和污水处理费征收率达到100%	①水资源费和污水处理费征收率达到100%，各得1分，未达标不得分； ②按规定及时征收超计划超定额用水加价水费，得1分，未按规定征收的，不得分； ③严格取水审批管理，按规定审批取水项目并核发取水许可证，得1分，不符合取水许可规定的，发现1例扣0.5分，发现2例（含）及以上不得分	水资源费和污水处理费征收率（%）= $\frac{\text{实际征收费用}}{\text{应收费用}}\times 100$
	管网漏损率	4	推进老旧小区内部供水管网改造年度任务，降低管网漏损率	①老旧小区内部供水管网改造全部完成2017年计划任务的，得2分，完成率每降低1个百分点，扣0.5分，扣完为止； ②管网漏损率达到国务院《水污染防治行动计划》要求，按照《城镇供水管网漏损控制及评定标准》修正后，管网漏损率不大于12%的得2分，大于12%、不大于14%的得1分，大于14%的不得分	老旧小区内部供水管网改造任务完成率（%）= $\frac{\text{已改造数量}}{\text{应改造数量}}\times 100$
	节水型社会建设	5	完成节水型企业（单位）和节水型社区（村庄）创建任务；完成雨洪利用工程建设年度任务；完成农业节水相关工作	①节水型企业（单位）和节水型社区（村庄）创建完成率均达到100%，各得1分，完成率每降低1个百分点，扣0.5分，扣完为止； ②雨洪利用工程建设任务完成率达到100%，得1分，完成率每降低1个百分点，扣0.2分，扣完为止； ③执法检查覆盖率任务完成达到100%，得2分，完成率每降低1个百分点，扣0.5分，扣完为止	①完成率（%）= $\frac{\text{已完成建设（创建）数量}}{\text{应完成建设（创建）数量}}\times 100$； ②执法覆盖检查率按照《北京市节水型区创建考核工作指南（试行）》的要求进行评价

续表

落实情况	考核项目	分值	考核目标	评分标准	计算公式
制度建设和措施落实情况	水资源管理责任和考核制度	2	按要求报送自查报告和复核技术资料，按时上报水资源统计信息	①按要求报送自查报告和复核技术资料的，得1分； ②按时上报水资源统计信息的，得1分	
其他	创新奖励及其他加分项	5		在水资源节约、水环境保护、水生态改善等方面开展创新性工作，并取得显著成效，可酌情加1～5分，最高不超过5分，计入总分	

表 6-3　东城区、西城区外其他区相关制度和措施落实情况考核目标及评分标准

落实情况	考核项目	分值	考核目标	评分标准	计算公式
制度建设和措施落实情况	河长制	4	按要求落实河长制各项工作	①出台区级河长制方案，得1分，未出台不得分 ②确定、公示河长制名单，已完成得1分，未完成不得分； ③完成河长制信息公示牌设立，全部完成得1分，未全部完成的按照公示牌设立完成率实际值计分，完成率低于90%不得分； ④按要求建立区级、乡镇级河长制配套制度并严格实施，具体包括会议、巡查、信息共享、信息报送、工作督查、考核、验收7项制度，全部完成得1分，有1项未完成扣0.2分，最多扣1分	公示牌设立完成率（%）$=\frac{\text{已设数量}}{\text{应设数量}}\times 100$

续表

落实情况	考核项目	分值	考核目标	评分标准	计算公式
制度建设和措施落实情况	计划用水管理制度	2	严格执行计划用水管理制度，年度用水计划下达到本区各街道、乡（镇）和用水单位，依法加强用水过程管理	①计划用水覆盖率达到90%及以上得1分，计划用水覆盖率每下降1%扣0.2分，最多扣1分； ②用水过程管理规范，得1分，不符合计划用水和定额管理和取水许可相关规定的，发现1例扣0.2分，扣完为止	计划用水覆盖率（%）=$\frac{\text{纳入计划管理的非居民用水户实际新水用量}}{\text{非居民新水总用量}}\times 100$
	水影响评价审查制度	2	严格执行水影响评价审查制度，建设项目水影响评价（含规划水资源论证）审查率达100%	①严格落实建设项目水影响评价审查制度，将其作为项目立项审批的前置条件，得1分； ②审查率达到100%得1分，审查率每降低1个百分点，扣0.2分，扣完为止	建设项目水影响评价审查率（%）=$\frac{\text{审批项目中开展建设项目水影响评价的数量}}{\text{建设项目审批总数}}\times 100$
	水资源有偿使用制度	2	严格执行水资源有偿使用制度，水资源费和污水处理费征收率达到100%	①水资源费和污水处理费征收率达到100%，各得0.5分，未达标不得分； ②按规定及时征收超计划超定额用水加价水费，得0.5分，未按规定征收的，不得分； ③严格取水审批管理，按规定审批取水项目并核发取水许可证，得0.5分，不符合取水许可规定的，发现1例扣0.2分，发现2例（含）及以上不得分	水资源费和污水处理费征收率（%）=$\frac{\text{实际征收费用}}{\text{应收费用}}\times 100$
	水环境治理	3	按要求完成建成区黑臭水体治理；按要求完成排污口治理任务	①建成区黑臭水体治理任务完成率达到100%得1.5分，完成率每降低1个百分点，扣0.3分，扣完为止； ②河道排污口治理任务完成率达到100%得1.5分，完成率每降低1个百分点，扣0.3分，扣完为止	①建成区黑臭水体治理任务完成率（%）=$\frac{\text{已完成治理条段数}}{\text{应治理条段数}}\times 100$ ②河道排污口治理任务完成率（%）=$\frac{\text{已完成治理排污口数量}}{\text{应治理排污口数量}}\times 100$

续表

落实情况	考核项目	分值	考核目标	评分标准	计算公式
制度建设和措施落实情况	排水户排水许可登记制度	2	严格执行排水户排水许可登记制度，新增排水户排水许可审批率达到100%	①审批率达到100%，得1分，每降低1%扣0.1分，基数大的地区（年办理数量在100以上）增长幅度低于往年平均数的仅扣0.1分； ②加大执法力度，及时查处私自排污等违法行为，得1分	新增排水户排水许可审批率（%）= $\frac{\text{审批许可的新增排水户数量}}{\text{新增排水户总数}}\times 100$
	地下水位控制	2	地下水水位不低于年度控制目标	①完成年度任务，得1分，未完成不得分； ②加大执法力度，及时查处私自打井、非法取水等违法行为，得1分	
	饮用水源地保护	3	完成饮用水源保护区划定工作，落实饮用水水源地保护措施	①完成本区饮用水源区划定方案，得1分，未完成不得分； ②制定适合本区的饮用水源保护措施并实施，每项得0.5分，最高得1分； ③辖区内饮用水源地安全全部达标，得1分，有一处不达标，扣0.5分，扣完为止	
	农业面源污染治理	2	农业面源治理率不低于年度控制目标	见附件《北京市节水型区创建考核工作指南（试行）》	

续表

落实情况	考核项目	分值	考核目标	评分标准	计算公式
制度建设和措施落实情况	自备井管理和管网漏损率	2	推进完成自备井置换和老旧小区内部供水管网改造年度任务，降低管网漏损率	①自备井置换和老旧小区内部供水管网改造全部完成2017年计划任务的，得1分，完成率每降低1个百分点，扣0.2分，扣完为止； ②管网漏损率达到国务院《水污染防治行动计划》要求，按照《城镇供水管网漏损控制及评定标准》修正后，管网漏损率不大于12%的得1分，大于12%、不大于14%的得0.5分，大于14%的不得分； ③管网漏损率达到国务院《水污染防治行动计划》要求，按照《城镇供水管网漏损控制及评定标准》修正后，管网漏损率不大于12%的得2分，大于12%、不大于13%的得1.5分，大于13%、不大于14%的得1分，大于14%、不大于15%的得0.5分，大于15%的不得分	①自备井置换任务完成率（%）$=\frac{\text{已置换单位数量}}{\text{应置换单位数量}}\times100$； ②老旧小区内部供水管网改造任务完成率（%）$=\frac{\text{已改造数量}}{\text{应改造数量}}\times100$
	节水型社会建设	3	完成节水型企业（单位）和节水型社区（村庄）创建任务；完成雨洪利用工程建设年度任务；完成农业节水相关工作	①节水型企业（单位）和节水型社区（村庄）创建完成率均达到100%，各得0.5分，完成率每降低1个百分点，扣0.1分，扣完为止； ②雨洪利用工程建设任务完成率达到100%，得1分，完成率每降低1个百分点，扣0.2分，扣完为止； ③出台农业水价综合改革实施方案的，得0.5分，未出台，不得分； ④出台农业高效节水三年实施方案的，得0.5分，未出台，不得分	完成率（%）$=\frac{\text{已完成建设（创建）数量}}{\text{应完成建设（创建）数量}}\times100$

续表

落实情况	考核项目	分值	考核目标	评分标准	计算公式
制度建设和措施落实情况	绿色生态发展	1	完成新增水土流失治理面积任务（生态清洁小流域设施建设）	新增水土流失治理面积任务（生态清洁小流域设施建设）完成率达到100%，得1分，完成率每降低1个百分点，扣0.2分，扣完为止	$完成率（\%）=\frac{已完成治理面积}{应完成治理面积}\times 100$
	建立水资源管理责任和考核制度	2	按要求报送自查报告和复核技术资料，按时上报水资源统计信息	①按要求报送自查报告和复核技术资料的，得1分； ②按时上报水资源统计信息的，得1分	
其他	创新奖励及其他加分项	5		在水资源节约、水环境保护、水生态改善等方面开展创新性工作，并取得显著成效，可酌情加1～5分，最高不超过5分，计入总分	

第三节　北京市最严格水资源管理制度实施效果

北京市以习近平总书记对北京重要讲话精神为根本遵循，牢固树立和贯彻落实新发展理念，牢牢把握首都城市战略定位，坚持“节水优先、空间均衡、系统治理、两手发力”的治水思路，按照“以水定城、以水定地、以水定人、以水定产”的原则，不断强化“量水发展”的理念，不断强化水资源对经济社会发展的约束和引导作用，根据提出的目标任务明确用水总量控制、用水效率控制和水功能区限制纳污“三条红线”的具体措施，将重要指标纳入各区政府绩效考核体系，坚决落实最严格水资源管理制度。自 2011 年北京市发布《中共北京市委　北京市人民政府关于进一步加强水务改革发展的意见》《北京市人民政府关于实行最严格水资源管理制度的意见》两项文件后，通过多方努力，目前该制度已初显成效。

根据水利部发布的对全国 31 个省（自治区、直辖市）的考核结果，经国务院审定，在 2016 年和 2017 年两个年度最严格水资源管理制度考核中，北京市考核等次均为优秀，分别为第四名和第五名，用水总量得到有效控制，用水效率大大提升，水环境不断改善。

一、“三条红线”控制目标完成情况

（一）用水总量

从用水总量来看，2017 年，北京市用水总量为 39.5 亿 m^3，较 2013 年的 36.4 亿 m^3 增加 8.5%，但实际新水用量由 2013 年的 28.35 亿 m^3 减少至 25.23 亿 m^3，下降 11%，新水用水总量控制效果显著。再生水利用量从 8.03 亿 m^3 增加至 10.51 亿 m^3，增长 31%。

1. 水资源量与用水量

2013—2017 年，北京市降水量最高值为 2016 年的 660mm，形成水资源量 35.1 亿 m^3，较 2014 年最低值 21.61 亿 m^3 增加 62.4%。本地水资源量增加、南水北调水进京在一定程度上缓解了北京市水资源短缺的形势，但随着北京市实行最严格水资源管理制度并不断深入推进，计划用水、取水许可、水影响评价等一系列具体制度落实，新水用量持续下降。北京市 2013—2017 年降水量、水资源量与新水用量关系图如图 6–2 所示。

2. 行业用水总量变化情况

近年来，北京市通过加大再生水利用力度、推进节水型社会建设、调整种植结构等一系列手段，实现了“生活用水适度增长、环境用水控制增长、工业用新水零增长、农业用新水负增长”。

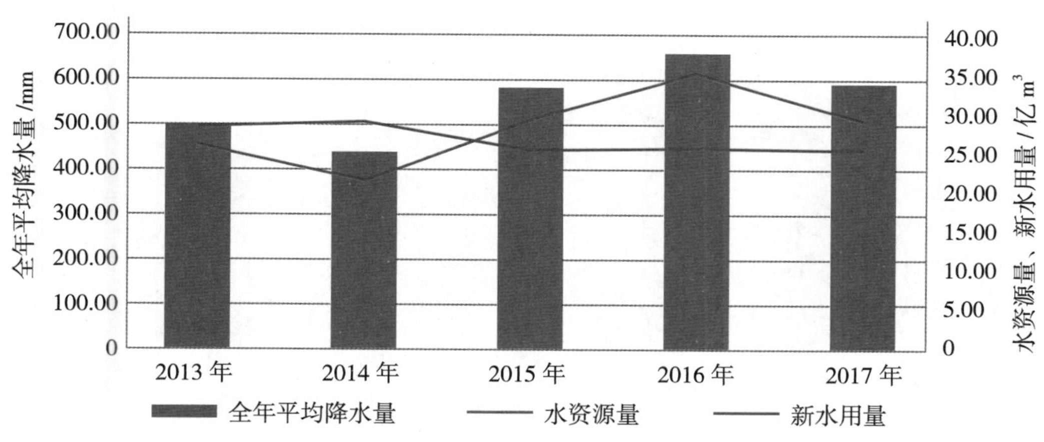

图 6-2 北京市 2013—2017 年降水量、水资源量与新水用量关系图

2013—2017 年，北京市工业用水从 5.12 亿 m^3 下降至 3.41 亿 m^3，降幅达 33.40%；农业用水从 9.09 亿 m^3 下降至 5.07 亿 m^3，降幅达 44.22%；全市常住人口由 2114.8 万人增加至 2170.7 万人，增幅达 2.64%，但居民生活用水基本持平，稳定在 14.7 亿 m^3 左右；生态环境用水呈逐年增加的趋势，由 7.08 亿 m^3 增加至 12.17 亿 m^3，增幅达 71.89%。北京市 2013 年和 2017 年行业用水量变化如图 6-3 所示。

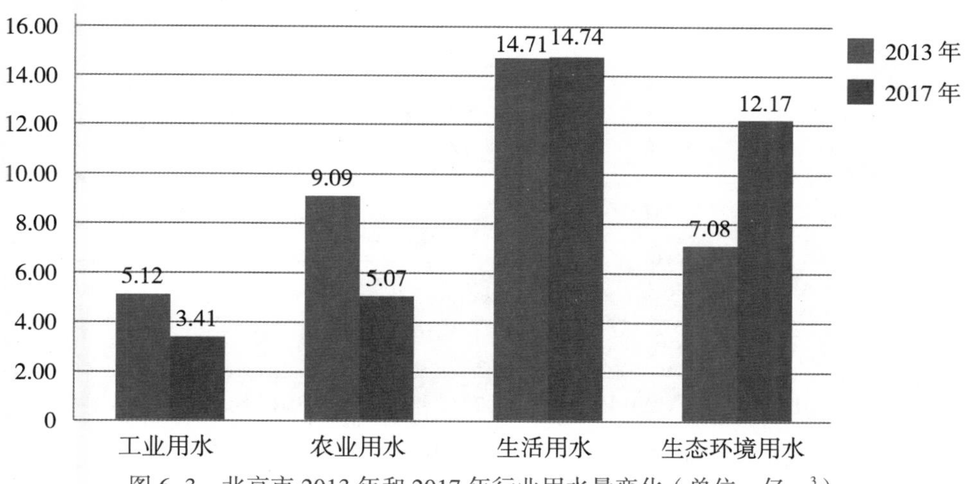

图 6-3 北京市 2013 年和 2017 年行业用水量变化（单位：亿 m^3）

（二）用水效率

2013—2017 年，北京市万元地区生产总值用水量由 18.37m^3/ 万元下降至 14.11m^3/ 万元，控制目标为年均下降 3.2%，年均实际下降 4.6%。北京市 2013—2017 年万元地区生产总值用水量变化如图 6-4 所示。

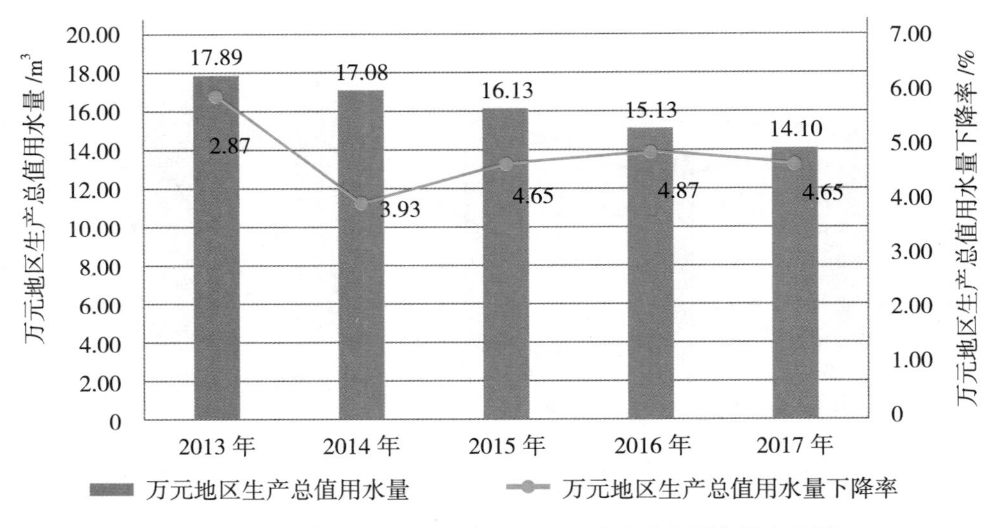

图 6-4　北京市 2013—2017 年万元地区生产总值用水量变化图

农田灌溉水有效利用系数由 0.701 提升至 0.732，5 年均实际完成值均高于目标值。北京市 2013—2017 年农田灌溉水有效利用系数变化如图 6-5 所示。

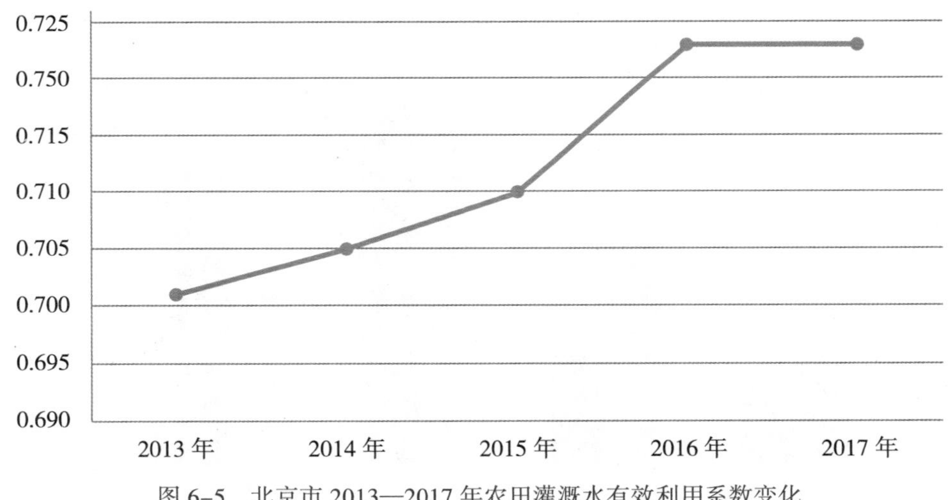

图 6-5　北京市 2013—2017 年农田灌溉水有效利用系数变化

（三）水环境

2013—2017 年，北京市重要江河湖泊水功能区水质达标率从 41.18% 提升至 60.9%。北京市 2013—2017 年重要江河湖泊水功能区水质达标率变化如图 6-6 所示。

二、主要工作措施及成效

（一）加强水资源开发利用控制红线管理

（1）落实水资源管理责任。出台并严格执行《北京市实行最严格水资源管理制度考

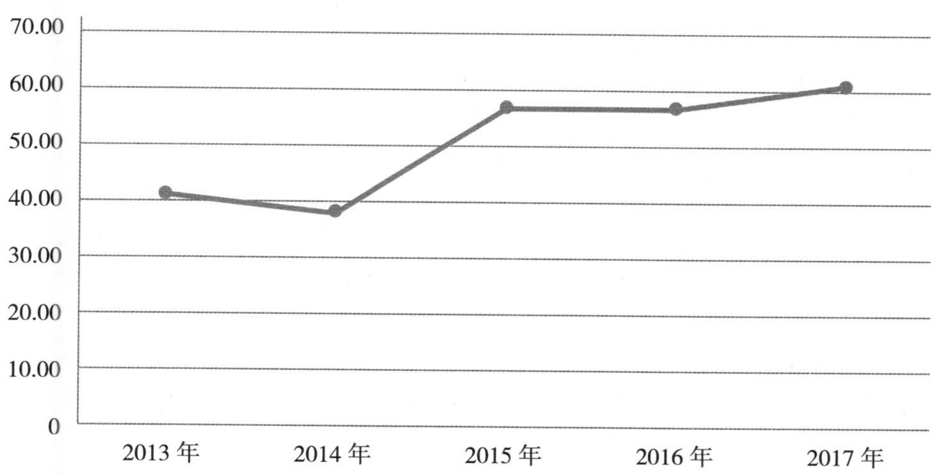

图 6-6　北京市 2013—2017 年重要江河湖泊水功能区水质达标率变化（单位：%）

核办法》及实施细则，考核结果作为对各区政府主要负责人和领导班子进行综合考核评价的重要依据。出台《北京市“十三五”水资源消耗总量和强度双控行动工作实施方案》，完善水资源消耗总量和强度双控指标体系，将控制目标分解到各区，主要指标纳入市政府对各区政府的绩效考核范围。

（2）严格实行取水许可制度。截至 2017 年年底，北京市取水许可证累计保有量约 1.51 万个，年许可取水量为 29.4 亿 m^3。严格执行取水审批管理，年取水量 10 万 m^3 以上的项目由市水行政主管部门审批，其中 50 万 m^3 以上的项目报市政府审批。制定并实施《北京市农业取水许可管理工作方案》，核发农村地区用水户取水许可证 4000 余个，超过 3 亿 m^3 的农村用水量纳入取水许可管理，以加强农村用水“总量控制、用途管制”。严格执行建设项目水影响评价制度，2013—2017 年，累计审查建设项目 2302 个，核减取水量 2612 万 m^3、排水量 2024 万 m^3，充分发挥了水资源对土地开发和建设项目的约束和引导作用。

（3）强化水资源统一调度配置。按照“用足外调水、涵养水源、加强循环、优化利用”的工作思路，编制了年度供用水计划及水资源调度保障方案，加强对地表水、地下水、外调水、再生水的统一调度配置。进一步严格地下水管理和保护，制定实施了《北京市平原区地下水禁采区和限采区范围》《北京市地下水超采区治理方案》，通过加快自备井置换、地下水回补等措施，有效促进地下水涵养。

（二）加强用水效率控制红线管理

（1）全面推进节水型社会建设。制定出台并严格落实《北京市人民政府关于全面推进节水型社会建设的意见》（京政发〔2016〕7 号），发布《北京市“十三五”时期节水型社会建设规划》，加快推进节水型区创建工作。全面落实《北京市节约用水办法》，相继制定了餐饮、洗车等行业 14 项节水地方标准，发布实施了学校、医院、写字楼、宾馆 4 个行业节水技术评价标准。积极推动节水型企业（单位）创建，完成节水型企业（单位）和节水型社区（村庄）创建 1437 个，建成节水载体近 1.8 万个。按照《中共北京市委北京市人民政府关于调结构转方式发展高效节水农业的意见》（京发〔2014〕16 号）的精神，出台《北京市推进“两田一园”高效节水工作方案》，新增和改善高效节水灌溉面积 8.3 万亩。进一步健全节水器具推广机制，发布节水型生活用水器具推荐产品名录，2017 年，完成 23 万套高效节水器具换装，年节水 138 万 m^3。

（2）不断加大农业节水力度。深入推进“细定地、严管井、上设施、增农艺、统收费、节有奖”的农业节水模式，逐步在粮田、菜田、鲜果果园划定范围内明确种植面积和用水限额，确定农业灌溉水权；实施农业水价综合改革，全面推行农业用水计量收费，建立“两田一园”高效节水灌溉工程运行维护补贴政策。通过推进科技节水、工程节水、农艺节水、管理节水，2017 年，全市农业用水量下降到 5.07 亿 m^3（2013 年农业用水量为 7.3 亿 m^3），农田灌溉水有效利用系数提高到 0.732（2013 年农田灌溉水有效利用系数为 0.701），土地产出率、农业生产率和资源利用率均实现增长。

（3）持续扩大再生水利用。持续扩大再生水利用规模，替代部分新水用量，2012 年，再生水用量占全市用水总量的 27%，且主要水质指标稳定在地表水Ⅳ类标准，成为北京市“第二水源”。2017 年，工业、市政、园林、河湖生态等领域再生水利用量达 10.5 亿 m^3，对缓解全市水资源压力和改善生态环境起到了重要作用。

（4）充分发挥价格杠杆的调节作用。严格执行居民生活用水阶梯水价制度和非居民用水超计划超定额累进加价制度，出台《北京市水资源税改革试点实施办法》，规定了水资源税征收范围和标准，有效提高了水资源利用效率；出台《北京市农业水价综合改革实施方案》《关于农业水价制定有关工作的通知》，完善农业水价形成机制和精准补贴政策。

（三）加强水功能区限制纳污红线管理

（1）全面推进河长制。出台《北京市进一步全面推进河长制工作方案》，建立了市、区、乡镇（街道）、村四级河长体系，明确 5900 余名各级河长，基本实现河湖全覆盖。全面落实“三查”（严查污水直排入河、垃圾乱堆乱倒、涉河湖违法建设）、“三清”（清河岸、清河面、清河底）、“三治”（水污染治理、水环境治理、水生态治理）、“三管”（严格水资源管理、河湖岸线管理、执法监督管理）责任，加大溯源治污力度，全市河湖水质明显变好。

（2）严格水功能区监督管理。加强对全市 133 个地表水功能区的分类管理和监测监管，实现水功能区监督全覆盖。连续制定并落实两个三年治污行动方案，将黑臭水体治理和入河排污口整治纳入“一河一策”实施方案，全面完成列入国家考核范围的建成区 57 条（段）黑臭水体治理任务，地表水环境状况有效改善。有力开展疏解整治促提升专项行动，关停退出一般制造业企业 651 家，入河污染物总量减排效果明显。加快污水处理设施建设，全市污水处理率达 92%，基本解决了城镇地区污水处理能力不足的问题。严格执行水功能区水质信息公开机制，按月将水功能区水质状况向社会公布。

（3）严格执行水环境区域补偿制度。通过经济手段调动各区积极性，有力促进了水环境治理目标任务的完成，推动了水质改善，取得了良好效果。在完善各区间水环境区域补偿制度的基础上，13 个涉农区还建立了乡镇间水环境区域补偿制度，形成压力传导机制，推动河湖上游区域加大治理水污染、改善水环境工作力度，地表水环境得到有效改善。

（4）强化饮用水水源地保护。印发《关于加强饮用水水源地保护工作的通知》，强化集中式饮用水水源地规范化建设，并定期开展水源地评估。进一步完善市、区两级及以下饮用水水源地保护区划定工作，明确保护范围。加强水源保护与水土流失防治，累计建设生态清洁小流域381条。实施密云水库库滨带建设，建立区、乡镇、村三级护林保水体系，实现库区全封闭管理，同时加快更新库区船舶，基本实现“清水下山、净水入库”。加强怀柔区、房山区张坊镇 、平谷区、昌平马池口 4 处应急水源地日常管理，做好首都应急供水保障工作。

附　录

北京市人民政府关于实行最严格水资源管理制度的意见

京政发〔2012〕25号

各区、县人民政府，市政府各委、办、局，各市属机构：

为贯彻落实《中共中央国务院关于加快水利改革发展的决定》（中发〔2011〕1号）、《国务院关于实行最严格水资源管理制度的意见》（国发〔2012〕3号）及《中共北京市委北京市人民政府关于进一步加强水务改革发展的意见》（京发〔2011〕9号）精神，促进水资源合理利用和生态环境保护，保障首都经济社会可持续发展，现就实行最严格水资源管理制度提出以下意见：

一、总体要求

（一）指导思想。以邓小平理论和“三个代表”重要思想为指导，深入贯彻落实科学发展观，以水资源配置、节约和保护为重点，强化用水需求和用水过程管理，通过健全制度、落实责任、提高能力、强化监管，严格控制用水总量，全面提高用水效率，严格控制入河湖排污总量，促进水资源可持续利用和发展方式转变，推动经济社会发展与水资源水环境承载能力相协调，保障经济社会长期平稳较快发展，为全面推进“人文北京、科技北京、绿色北京”和中国特色世界城市建设提供支撑保障。

（二）基本原则。坚持民生优先，着力解决人民群众最关心最直接最现实的饮用水、水环境等问题，保障水源安全、供水安全和生态安全；坚持人水和谐，顺应自然规律和经济社会发展规律，以水定需、量水发展；坚持统筹兼顾，协调好生活、生产和生态用水，合理配置地表水、地下水、外调水和再生水；坚持创新驱动，完善水资源管理体制和机制，改进管理方式和方法，注重制度实施的可行性和有效性。

（三）主要目标。确立水资源开发利用控制红线，到2015年全市用水总量控制在40亿立方米以内；确立用水效率控制红线，到2015年全市万元工业增加值用水量比2010年下降25%以上，农田灌溉水有效利用系数提高到0.7以上；确立水功能区限制纳污红线，到2015年全市重要水库、河流、湖泊水功能区水质达标率提高到60%以上。到2020年，全市用水总量控制在46.58亿立方米以内；万元工业增加值用水量下降到10立方米以下，农田灌溉水有效利用系数提高到0.71以上；重要水库、河流、湖泊水功能区水质达标率提高到80%以上。

二、加强水资源开发利用控制红线管理，严格实行用水总量控制

（四）严格水资源开发利用控制红线管理。按照“生活用水适度增长、环境用水控制增长、工业用新水零增长、农业用新水负增长”的原则，市政府结合水源条件和区域功能定位，分期确定 2015 年、2020 年各区县和重点行业的用水总量，作为控制红线。市水行政主管部门根据控制红线逐年制定并下达各区县和重点行业用水计划控制指标。各区县政府根据用水计划控制指标，严格控制本行政区域用水总量。行业主管部门对本行业用水计划控制指标落实完成情况进行监督考核。

（五）严格规划管理和水资源论证。国民经济和社会发展规划、城市总体规划以及新城和重点发展区域规划的编制、重大建设项目的布局，应当进行水资源论证，由市水行政主管部门按照管理权限进行审查并签署意见。对未依法完成水资源论证或水资源评价工作的建设项目，审批机关不予批准，建设单位不得擅自开工建设和投产使用，对违反规定的，一律责令停止。

（六）严格取水许可与用水指标管理。利用取水工程或设施直接从河流、湖泊或地下取用水资源的单位和个人，应当依法办理取水许可证，并缴纳水资源费。年用水总量 5 万立方米以下的，由区县水行政主管部门审批，市水行政主管部门备案；年用水总量 5 万立方米以上的，由市水行政主管部门审批，其中年用水总量超过 50 万立方米的，由市水行政主管部门报市政府批准。区域、行业取用水总量已达到或超过年度用水计划控制指标，要暂停审批建设项目新增取水。

（七）严格水资源有偿使用。抓紧完善水资源费征收、使用和管理办法，合理调整水资源费征收标准，扩大征收范围。水资源费主要用于水资源节约、保护和管理，严格依法查处挤占挪用水资源费的行为。任何单位和个人不得擅自减免、缓征或停征水资源费，确保应收尽收。

（八）严格地下水管理和保护。市水行政主管部门、环境保护行政主管部门会同相关部门划定地下水（环境）功能区，编制地下水保护规划，加强地下水动态监测和水位控制，定期开展地下水分区评价。重新核定地下水超采范围，一般超采区禁止农业、工业建设项目新增取用地下水，严重超采区禁止新增各类取水，逐步削减超采量。基岩水原则上只能作为应急和战略储备水源。依法规范机井建设审批管理，严格限制审批新增机井，各区县一律不再批准新增机井。保障城乡居民生活和重大建设项目用水，确需开凿机井的，由市水行政主管部门批准。用水单位和个人改变机井用水性质，应当办理变更手续，相关水行政主管部门重新核定用水指标，并按照新的用水性质类别计价缴费。制定实施地下水压采方案，逐步关闭公共供水管网覆盖范围内的自备井，实现采补平衡。

（九）强化多水源统一调度。依法制定和完善水资源调度方案、应急调度预案和调度计划，完善全市水资源统一调度机构，实行地表水、地下水、外调水、再生水统一调度，优化配置。区县政府按照全市水资源调度方案编制本行政区域水资源调度与配置方案，区域水资源调度要服从全市水资源统一调度。供水单位应按照全市水资源调度计划编制供水调度计划。

三、加强用水效率控制红线管理，全面推进节水型社会建设

（十）严格用水效率控制红线管理。确定万元地区生产总值用水量、万元工业增加值用水量、农业用新水量下降率为区县用水效率控制红线指标。市水行政主管部门将用水效率控制红线指标逐年分解到各区县，由区县政府负责组织落实，市相关行业主管部门负责行业用水效率监管。

（十一）全面加强节约用水管理。区县政府要切实履行建设节水型社会的责任，把节约用水贯穿于经济社会发展和群众生活生产全过程，建立健全有利于节约用水的体制和机制。稳步推进水价改革，运用市场机制促进节约用水。严格实行产业用水效率准入制度，限制高耗水工业项目建设和高耗水服务业发展，遏制农业粗放用水，推进生态环境建设节约用水。

（十二）强化用水定额管理。市水行政主管部门会同市有关部门组织制定行业产品生产和服务的用水定额，并按照节水降耗的要求适时修订。对纳入取水许可管理的单位和其他用水大户实行计划管理，建立用水单位重点监控名录，强化用水监控管理，超计划累进加价。新建、扩建和改建建设项目应编制节水设计方案，保证节水设施与主体工程同时设计、同时施工、同时投产（即“三同时”制度），对违反“三同时”制度的，由市、区县有关部门责令停止取用水并限期整改。

（十三）积极推进节水技术改造。加大农业节水力度，完善和落实节水灌溉的产业支持、技术服务、财政补贴等政策措施，大力发展高效节水灌溉。扩大工业利用再生水，继续推进生产工艺节水技术改造，加快制定并公布落后的、耗水量高的用水工艺、设备、产品淘汰名录。加大生活节水工作力度，大力推广使用生活节水器具，着力降低供水管网漏损率。制定节水强制性标准，逐步实行用水产品用水效率标识管理，禁止生产和销售不符合节水强制性标准的产品。逐步淘汰公共建筑中不符合节水标准的用水设备及产品，制定相关政策，鼓励并积极发展再生水、淡化海水、雨水收集利用。将非常规水源开发利用纳入水资源统一配置。

四、加强水功能区限制纳污红线管理，严格控制入河湖排污总量

（十四）严格水功能区限制纳污红线管理。确定城镇污水处理量（率）、化学需氧量（COD）和氨氮削减量、区县界考核断面水质为水功能区限制纳污红线控制指标，市水行政主管部门、环境保护行政主管部门会同相关部门将限制纳污红线控制指标分解到各区县。区县政府依据考核指标制定治污减排计划并逐级落实责任制，纳入年度工作重点。

（十五）严格水功能区监督管理。完善水功能区监督管理制度，加强水功能区和区县界水质水量动态监测，建立水功能区水质达标评价体系。严格控制入河湖排污总量，加快污水处理厂升级改造，保障污水处理设施建设运行，规划新建或升级改造污水处理厂出水水质主要指标需达到国家地表水环境质量Ⅳ类标准。进一步提高城镇污水处理厂和工业企业排放标准，减少水污染物的排放。加强对直接排入环境水体的工业企业废水

监管，确保重点污染企业稳定达标排放。强化入河湖排污口管理，对入河湖排污口出水超出水功能区水质标准的，要依法取缔并封堵。对于无污水处理设施、工业废水直排环境的企业和已建污水处理设施但水污染物排放不达标的企业，由环境保护行政主管部门责令限期整改或依法责令关闭。严格排水许可管理，对重点排污企业实施在线监控。对排污量超出水功能区限排总量的地区，限制审批新增取水和入河湖排污口。

（十六）加强饮用水水源保护。依法划定饮用水水源保护区，公布重要饮用水水源地名录，建立饮用水水源地核准和安全评估制度。禁止在饮用水水源保护区内设置排污口，对已设置的，由区县政府责令限期拆除。饮用水水源一级保护区内禁止建设与供水设施和保护水源无关的项目，禁止从事可能污染饮用水水体的活动。大力推广清洁生产，防治面源污染。强化饮用水水源应急管理，完善饮用水水源地突发事件应急预案，建立备用水源。

（十七）推进水生态系统保护和修复。编制全市水生态系统保护与修复规划，加强重要生态保护区、水源涵养区和湿地的保护，继续推进生态清洁小流域建设。研究建立生态用水及河流生态评价指标体系，充分考虑基本生态用水需求，维护河湖健康生态。开展内源污染整治，推进生态脆弱河流和地区水生态修复。定期组织开展重要河湖健康评估，建立健全水生态补偿机制。

五、保障措施

（十八）建立水资源管理责任和考核制度。将水资源开发利用控制、用水效率控制、水功能区限制纳污“三条红线”考核纳入市政府绩效评价体系。区县政府主要负责人对本行政区域落实最严格水资源管理制度负总责。建立健全区县政府、行业主管部门指标管理责任制。市政府与各区县签订年度水资源开发利用控制、用水效率控制和水功能区限制纳污达标责任书，与市相关行业主管部门签订行业用水效率监管责任书，市水行政主管部门会同有关部门具体组织实施，考核结果交由干部主管部门，作为对区县政府和行业主管部门相关领导干部综合考核评价的重要依据。

（十九）健全水资源监控体系。完善水资源监测、用水计量与统计等管理办法，健全相关技术标准体系。开展年用水量 1 万立方米以上用水户在线监控系统建设。加强区县界等重要控制断面、水功能区和地下水的水质水量监测能力建设。加强排水、入河湖排污口计量监控设施建设，逐步建立水质监控管理平台。加快应急机动监测能力建设，全面提高监控、预警和管理能力。及时发布水资源公报等信息。

（二十）完善水资源管理体制。在中央有关部门的指导下，成立跨省市的首都水资源协调委员会。进一步完善流域管理与行政区域管理相结合的水资源管理体制，加强流域水资源的统一规划、统一管理和统一调度。强化城乡水资源统一管理，对城乡供水、水资源综合利用、水环境治理和防洪排涝等实行统筹规划、协调实施，促进水资源优化配置。

（二十一）完善水资源管理投入机制。拓宽投资渠道，建立长效、稳定的水资源管理投入机制。将水资源节约、保护和管理工作经费纳入财政预算，对水资源管理系统建设、节水示范工程、节水技术推广与应用、地下水超采区治理、水生态系统保护与修复等给予重点支持。

（二十二）健全政策法规体系。推动《北京市实施〈中华人民共和国水文条例〉办法》等法规的制定工作，严格实行水资源论证、取水许可、排水许可、节约用水管理、水务工程建设规划同意书、洪水影响评价、水土保持方案和水务工程初步设计审批等制度。加强水务执法队伍建设，加大水资源管理执法力度。

（二十三）建立社会监督机制。广泛深入开展基本水情宣传教育，强化社会舆论监督。大力推进水资源管理科学决策和民主决策，完善公众参与机制。定期公布各区县政府和行业主管部门水资源开发利用控制、用水效率控制、水功能区限制纳污"三条红线"指标的考核结果。

北京市人民政府

2012 年 8 月 20 日

北京市实行最严格水资源管理制度考核办法

京政办发〔2015〕60 号

第一条　为全面落实最严格水资源管理制度，推动本市经济社会发展与水资源、水环境承载能力相协调，根据《国务院办公厅关于实行最严格水资源管理制度考核办法的通知》(国办发〔2013〕2 号)和《北京市人民政府关于实行最严格水资源管理制度的意见》(京政发〔2012〕25 号)等有关文件精神，制定本考核办法。

第二条　考核工作坚持依法严格、科学规范、客观公平、分类管理、注重实效的原则。

第三条　市政府对各区政府落实最严格水资源管理制度情况进行考核，市水务局会同市发展改革委、市经济信息化委、市监察局、市财政局、市环保局、市规划委、市统计局、市园林绿化局、市农业局等部门组成考核工作组，负责具体组织实施。考核工作组办公室设在市水务局。

第四条　各区政府是落实最严格水资源管理制度的责任主体，政府主要负责人对本行政区域内水资源管理和保护工作负总责。

第五条　考核内容为水资源开发利用控制红线、用水效率控制红线、水功能区限制纳污红线（以下简称"三条红线"）相关管理目标完成情况及最严格水资源管理相关制度和措施落实情况，具体考核项目见附件。

市政府每年年初向各区政府下达"三条红线"考核目标，并结合各区的功能定位和实际情况，实行差异化考核。

第六条 考核采用评分法，满分为 100 分。其中，目标完成情况考核占 70 分，相关制度建设和措施落实情况考核占 30 分。考核结果分为优秀、良好、合格、不合格四个等次。考核得分 90 分以上（含 90 分）为优秀，80 分以上（含 80 分）90 分以下为良好，60 分以上（含 60 分）80 分以下为合格，60 分以下为不合格。

第七条 考核工作与本市国民经济和社会发展规划相对应，每 5 年为一个考核期，采用年度和期末考核相结合的方式进行。年度考核为每年年初对上一年度工作情况进行考核；期末考核为每个考核期结束后的次年上半年对过去 5 年总体工作情况进行考核。

第八条 各区政府每年 1 月底前将本地区上一年度或上一考核期的自查报告上报市政府，同时抄送市水务局等考核工作组成员单位。

第九条 考核工作组负责对各区政府的自查报告进行核查，组织开展重点抽查和现场检查，认定考核等次，形成年度或期末考核报告。

第十条 考核工作组要于每年 3 月初将年度考核报告上报市政府；如遇期末考核，要于 6 月初将期末考核报告上报市政府，经市政府审定后向社会公布。

第十一条 经市政府审定的年度和期末考核结果，作为对区政府主要负责人和领导班子综合考核评价的重要依据。

第十二条 市政府对期末考核等次为优秀的区政府予以通报表扬，市有关部门要在相关项目安排上优先予以支持。

年度或期末考核等次为不合格的区政府，应在考核结果公布后一个月内，向市政府作出书面报告，提出限期整改措施，同时抄送考核工作组成员单位。整改期间，暂停该区建设项目新增取水和入河排污口审批，暂停该区新增主要水污染物排放建设项目环评审批。对于整改不到位的，由监察机关依法依规追究该区有关责任人员责任。

第十三条 对于在考核中瞒报、谎报的区政府，市政府予以通报批评，并依法依规追究有关责任人员责任。

第十四条 本办法自 2016 年 1 月 1 日起施行。

北京市节水型区创建考核工作指南（试行）

为贯彻落实北京市人民政府《关于全面推进节水型社会建设的意见》（京政发〔2016〕7 号）精神，加强对节水型区创建工作的指导，规范节水型区的申报与考核管理，特编制《北京市节水型区创建考核工作指南》，包括考核评定流程、考核标准细则、考核指标计算方法和考评申报材料四部分内容。

一、考核评定流程

（一）考核方式

节水型区创建考核评定工作由北京市节水型社会建设协调小组（以下简称“市协调小组”）牵头，市协调小组办公室设在市水务局，由市水务局具体负责组织实施工作，每年进行一次。

（二）申报条件

各区政府须按《节水型区创建考核评定办法》要求对本区节水工作情况进行自评，自评总分达 90 分以上（含 90 分）的区，方可申报。

（三）申报时间

节水型区考核评定工作每年进行一次，申报材料须在每年 6 月 30 日前提交。

（四）申报程序

各区的申报程序包括自评、材料提交、考核评定 3 个部分。

（五）申报材料

申报区应按申报要求准备申报材料，并在要求的申报时间前提交至市协调小组办公室。

（六）考核评定组织管理

为保证考核评定的专业性和公正性，成立节水型区考核评定专家委员会负责有关考评工作（以下简称“考评委员会”）。考评委员会由市协调小组办公室负责组建，其成员由管理人员和技术人员组成。

考评委员会负责申报材料初审、技术评估、现场考核及综合评审等工作。

申报区要实事求是准备申报材料，数据资料要真实可靠，不得弄虚作假；若发现造假行为，取消当年申报资格。申报区要严格按照有关廉政规定协助完成考核工作。

（七）考核评定程序

考核工作程序为：申报材料初审→技术评估→现场考核→综合评审→公示→批准命名。

1. 申报材料初审

考评委员会对申报材料进行初审，形成初审意见，发现材料不实的，取消申报资格。

2. 技术评估

考评委员会对通过初审的区进行技术评估，形成评估意见。

3. 现场考核

对通过技术评估的区，市协调小组办公室组织现场考核组进行现场考核。申报区应至少在考核组抵达前两天做好相关准备工作。现场考核主要程序如下。

（1）听取申报区的创建工作汇报。

（2）查阅申报材料及有关原始资料。

（3）现场随机抽查节水设施、节水型单位（企业）和节水型社区（村庄）的节水措施落实情况，以及节水器具推广应用情况（抽查企业、单位、居民小区、村庄各不少于3个）。

（4）考核组专家成员在独立提出考核意见和评分结果的基础上，经考核组集体讨论，形成考核意见。

（5）就考核中发现的问题及建议进行现场反馈。

（6）现场考核组将书面考核意见报市协调小组办公室。

4. **综合评审**

市协调小组办公室根据技术评估意见和现场考核意见，审定通过考核的区名单。

5. **公示及批准命名**

综合评审审定通过的区名单及其创建工作基本情况在首都之窗网站进行公示，公示期为 30 天。公示期内无异议的，报市政府批准后，命名为“节水型区”。

（八）复验工作及动态管理

复验自命名之日起每三年进行一次。获得“节水型区”称号的区，在非复验年度，须按要求每年向市水务局上报上一年度节水工作数据及工作报告，材料上报截止日期为当年的 6 月 30 日。

在复验年度，须按规定上报被命名为“节水型区”（或上一复验年）以后的节水工作总结、数据表，以及表明达到节水型区有关要求的各项汇总材料和逐项说明材料，并附有计算依据的自查评分结果。复验程序如下。

（1）复验年的 6 月 30 日前，待复验区将自查材料上报市水务局后，由市协调小组办公室组织考评委员会进行技术评审，形成评审意见。

（2）市协调小组办公室根据评审意见，组织考核组对待复验区进行现场抽查，形成现场考核意见。

（3）市协调小组办公室根据评审意见和现场考核意见，确定通过复验的区名单。

（4）对经复验不合格的区，市协调小组将责令其限期整改；整改后仍不合格的，撤销“节水型区”称号，须重新开展节水型区创建工作并限期达标。

对不按期申报复验、连续两次不上报节水统计数据或工作报告的区，撤销“节水型区”称号，须重新开展节水型区创建工作并限期达标。

二、考核标准细则

分类	序号	指标	目标值	考核内容	评分标准	分数	支撑材料	备注
基础指标（20分）	1	节水管理基础工作	落实到位	各区政府每年至少专题研究一次节水工作，并制定节水型区创建年度工作计划	①区政府每年至少召开一次节水工作专题会，得1分，否则不得分； ②有经区政府批准的节水型区创建方案，得1分，否则不得分； ③制定节水型区创建年度工作计划，得1分，否则不得分	3	①区政府召开节水工作专题研究的会议通知、会议纪要或相关媒体宣传材料等； ②区政府关于节水型区创建实施方案的批准文件； ③由区节水型社会建设协调小组办公室印发的节水型区创建年度工作计划	考核各区政府对节水工作的重视程度
			落实到位	建立科学合理的节水统计队伍，定期上报本区节水统计报表	①建立区、乡镇（街道）、村（社区居委会）三级节水统计网络队伍，各级队伍设有专（兼）职的统计人员，职责明晰，得0.5分，否则不得分； ②统计人员具备与其从事的统计工作相适应的专业知识和业务能力，经过统计培训，得0.5分，否则不得分； ③通过北京市节约用水管理信息系统，完成《北京市节水管理统计报表制度》规定的统计任务，并录入相关信息，得2分，否则不得分	3	①统计队伍人员名单、联系方式及职责分工； ②统计培训证明材料； ③完成统计任务和北京市节水管理信息系统填报情况的说明材料	考评委员会对各区关于北京市节水管理信息系统填报情况进行审核
			100%	执法检查覆盖率	①执法检查覆盖率达到100%，得2分，每降低10%扣0.5分，不足10%时按相应比例计算，扣完为止； ②对举报浪费用水问题处理率达到100%，得1分，否则不得分	3	①执法检查工作情况说明； ②提供被执法和检查单位的名录、现场勘验笔录（月用水在500立方米及以下的用水户可提供其他相关检查证明）； ③举报处理记录	无

续表

分类	序号	指标	目标值	考核内容	评分标准	分数	支撑材料	备注
基础指标（20分）	1	节水管理基础工作	落实到位	制定并落实节水规划	①有经区政府批准的“十三五”节水规划，得1分，否则不得分； ②根据节水规划指标落实率、执行进度和实施效果进行评分，满分2分	3	①区政府关于“十三五”节水规划的批准文件； ②“十三五”节水规划文本； ③节水规划实施情况的说明材料	无
			落实到位	建设项目节水“三同时”制度落实到位	建设项目“三同时”制度落实率达到95%，得3分，每降低5%扣0.5分，不足5%时按相应比例计算，扣完为止	3	①“三同时”制度落实情况总结； ②应落实与已落实节水设施方案审批的建设项目台账； ③审核、竣工验收资料	应落实节水设施方案审批的建设项目范围参照《建设项目节水设施方案审查办理指南（试行）》（京水务节〔2015〕10号）确定
	2	节水型社会建设投入水平	2‰	节水设施建设及运营维护、节水器具推广、技术研发、节水管理、节水宣传等节水投入占当年财政支出的比例	指标值≥目标值，得满分；指标值每降低0.2‰扣1分，扣完为止	5	①财政部门用于节水管理、节水技术推广、节水设施建设与运维、节水宣传教育等投入的预算和拨款批复等执行情况相关证明材料； ②节水与水资源财政转移支付考核奖补资金使用说明	节水投入包括中央级、市级和区级财政投入；节水投入指用于节水宣传教育、节水奖励、节水科研、节水技术改造、水平衡测试、节水技术产品推广、再生水和雨水利用设施、农业节水设施、园林绿化节水设施的建设与运行的费用
管理指标（30分）	3	计划用水覆盖率	95%	纳入计划管理的非居民用水户实际新水用量占非居民新水总用量的比例	指标值≥目标值，得满分；指标值每低于目标值1%扣1分，扣完为止	10	无	①纳入计算管理的非居民用水户实际新水用量及非居民新水总用量不含再生水量； ②各区计划管理用户信息以北京市节水管理信息系统为准

续表

分类	序号	指标	目标值	考核内容	评分标准	分数	支撑材料	备注
管理指标（30分）	4	节水设施正常运行率	100%	节水设施全年运行正常，管理制度健全，用水台账完备。节水设施正常运行率为当年度正常运行的节水设施数量占节水设施总量的比例	每个区抽查数量≥3个，被抽查的节水设施全部运行完好，相关管理制度健全、用水台账完备，得满分；每发现一个运行不正常的设施，扣3分；设施正常运行，但缺少相关管理制度或用水台账，每项扣1分，扣完为止	10	①节水设施管理台账，含名称、地点、建成时间、类型、运行状态、用水台账（节水灌溉设施）、是否有管理制度等； ②管理制度纸质文本	①节水设施包括雨水利用工程、节水灌溉设施（农业和园林绿地）、洗车循环水设施、再生水利用设施等； ②节水设施运行状态正常的条件有两个：一是配套相应的管理制度；二是能够正常发挥设施作用，无跑冒滴漏、淤积、堵塞、锈蚀等损坏和废弃的情况
	5	节水型企业（单位）覆盖率	40%	节水型企业（单位）年用水量占辖区内企业（单位）总用水量的比例	指标值≥目标值，得满分；指标值每低于目标值3%扣1分，扣完为止	5	节水型企业（单位）名录（含名称、创建时间、用水量等）、命名文件等证明材料	①节水型企业（单位）是指满足市级或区级《北京市节水型企业（单位）考核办法》要求，通过验收的企业（单位）； ②辖区内企业（单位）总用水量是指工业、建筑业、服务业和园林环卫用新水量，不含农业用水、居民家庭用水、河湖补水和农村生态环境用水
	6	节水型社区（村庄）覆盖率	20%	节水型社区（村庄）的实际创建数量占社区（村庄）总数的比例。拟拆迁的村庄不计算在内	指标值≥目标值，得满分；指标值每低于目标值2%扣1分，扣完为止	5	①节水型社区（村庄）名录（含名称、所在社区、街道或乡镇、居民户数）、批复命名文件或挂牌证明材料； ②全区居民总户数（不含已拆迁或拟拆迁村庄）相关证明材料（如年鉴相关页复印件）	①节水型小区指满足《北京市节水型居民小区考核办法》要求，通过创建验收的小区； ②节水型村庄指满足《节水型村庄创建标准（试行）》要求，通过创建验收的村庄，含循环水务建设村庄

续表

分类	序号	指标	目标值	考核内容	评分标准	分数	支撑材料	备注
技术指标（50分）	7	万元地区生产总值新水用量年下降率	4%	每万元地区生产总值新水用量的年度下降率	①年下降率≥4%，得15分，每降低1%扣5分，不足1%时按相应比例计算，扣完为止； ②若万元地区生产总值新水用量≤全市平均值的50%，且较上一年度有所下降，得12分，否则不得分	15	统计年鉴相关页复印件或统计部门证明材料	优先采用统计部门数据
	8	人均生活用水量	220L/（人·d）	区人均居民家庭和公共服务用水量	指标值≤目标值，得满分；每高于目标值5L/（人·d）扣1分，扣完为止	10	统计年鉴相关页复印件	生活用水量以北京市节水管理信息系统为准
	9	主要工业行业用水定额达标率	100%	主要工业行业用水定额达到国家标准	符合《中华人民共和国国家标准：取水定额》主要行业定额的标准，得5分，每有一个行业取水指标超过定额扣1分，扣完为止	5	各区经信部门出具的工业企业用水定额证明材料，包括每种行业的用水指标和是否达到定额的结论	无
	10	城镇节水器具普及率	100%	公共机构和居民生活用水使用节水器具数占总用水器具的比例，节水器具（含改造措施）包括节水型水龙头、便器和淋浴器	指标值≥98%，得满分；指标值低于98%，城六区每降低0.5%扣1.5分，郊区每降低0.5%扣1分，扣完为止	10	①节水器具推广情况相关说明材料； ②第三方调查机构资质、调查报告。调查报告必须包括调查样本范围、抽样方式与比例（户数不低于千分之二）、结果测算等内容	各区自行聘请第三方机构进行抽样调查，得到现状值，考核时对调查报告进行复验。复验合格以调查结果为准，否则不得分

续表

分类	序号	指标	目标值	考核内容	评分标准	分数	支撑材料	备注
技术指标（50分）	11	绿地林地及农业节水灌溉面积比率	98%	城市园林绿地和“两田一园”范围内，微灌、喷灌、管灌等节水灌溉工程控制面积占灌溉面积的比例	指标值≥目标值，得满分；指标值每低于目标值1%扣1分，扣完为止	10	园林绿地、农业灌溉面积及节水灌溉面积统计资料复印件或证明材料	①园林绿地包括公园绿地与道路绿地，不包括山上林地及常年不浇灌的草地； ②园林绿地节水灌溉方式有喷灌、管灌、滴灌、微喷等； ③农业灌溉面积指“两田一园”——粮田、菜田、果园的灌溉面积； ④农业节水灌溉方式包括滴灌、喷灌、低压管灌、渠道防渗和他节水灌溉措施

三、考核指标计算方法

为便于标准化评分，保证指标计算方法、数据来源统一，针对考核细则中需量化的指标，确定其计算公式和数据来源具体如下。

1. 执法检查覆盖率

（1）计算公式

$$执法检查覆盖率（\%）=\frac{已开展执法检查的用水单位数量}{纳入计划管理的用水单位总数量}\times 100$$

（2）数据出处

已开展执法检查的用水数量（个）——各区提供；

纳入计划管理的用水总数量（个）——北京市节水管理信息系统。

2. “三同时”制度落实到位率

（1）计算公式

$$“三同时”制度落实到位率（\%）=\frac{已落实“三同时”制度的建设项目数量}{应落实“三同时”制度的建设项目数量}\times 100$$

（2）数据出处

已落实“三同时”制度的建设项目数量（个）——各区提供；

应落实“三同时”制度的建设项目总数量（个）——各区提供。

3. 节水型社会建设投入水平

（1）计算公式

$$节水型社会建设投入水平（‰）=\frac{财政投入节水资金总额}{区财政总支出}\times 1000$$

（2）数据出处

财政投入节水资金（万元）——各区提供；

主要包括以下原始数据：

①节水设施建设与运行维护费用

②节水器具推广投入

③节水技术研发投入

④节水技术改造投入

⑤水平衡测试投入

⑥节水管理投入

⑦节水创建投入

⑧节水宣传投入

⑨节水奖励投入

⑩其他投入

区财政总支出（万元）——区统计年鉴或区国民经济和社会发展统计公报。

4. **计划用水覆盖率**

（1）计算公式

$$计划用水覆盖率（\%）=\frac{纳入计划管理的非居民用水户实际新水用量}{非居民新水总用量}\times 100$$

（2）数据出处

计划用水覆盖率（%）——北京市节水管理信息系统。

5. **节水设施正常运行率**

（1）计算公式

$$节水设施正常运行率（\%）=\frac{正常运行的节水设施数量}{节水设施总数量}\times 100$$

（2）数据出处

正常运行的节水设施数量（个）——各区提供；

节水设施总数量（个）——各区提供。

6. **节水型企业（单位）覆盖率**

（1）计算公式

$$节水型企业（单位）覆盖率（\%）=\frac{节水型企业（单位）新水用量}{辖区内企业（单位）新水总用量}\times 100$$

（2）数据出处

节水型企业（单位）新水用量（万 m^3）——北京市节水管理信息系统；

辖区内企业（单位）新水总用量（万 m^3）——北京市节水管理信息系统。

7. **节水型社区（村庄）覆盖率**

（1）计算公式

$$节水型社区（村庄）覆盖率（\%）=\frac{节水型社区（村庄）居民户数}{辖区内社区（村庄）居民总户数}\times 100$$

（2）数据出处

节水型社区（村庄）居民户数——各区提供；

辖区内社区（村庄）居民户数——各区统计资料。

8. **万元地区生产总值新水用量年下降率**

（1）计算公式

$$万元地区生产总值新水用量年下降率（\%）=（\frac{新水用量发展速度}{地区生产总值发展速度}-1）\times 100$$

$$新水用量发展速度（\%）=\frac{当年新水用量}{上年新水用量}\times 100$$

（2）数据出处

新水用量（万 m^3）——《北京市水务统计年鉴》；

地区生产总值发展速度（%）（按可比价计算）——各区统计局。

9. **人均生活用水量**

（1）计算公式

$$人均生活用水量[L/(人\cdot d)]=\frac{年度生活用水总量}{年度常住人口数\times年日历天数}\times1000$$

$$年度常住人口数(万人)=\frac{当年年底常住人口+上年年底常住人口}{2}$$

（2）数据出处

生活用水量（万 m^3）——北京市节水管理信息系统；

常住人口（万人）——区统计年鉴。

10. **主要工业行业用水定额达标率**

（1）计算公式

$$主要工业行业用水定额达标率(\%)=\frac{达到用水定额的行业数量}{辖区内主要工业行业数量}\times100$$

（2）数据出处

达到用水定额的行业数量（个）——区经信部门；

辖区内主要工业行业数量（个）——区经信部门。

11. **绿地林地及农业节水灌溉面积比率**

（1）计算公式

绿地林地及农业节水灌溉面积比率（%）

$$=\frac{园林绿地节水灌溉面积+“两田一园”节水灌溉面积}{园林绿地灌溉面积+“两田一园”的总灌溉面积}\times100$$

（2）数据出处

园林绿地灌溉面积、园林绿地节水灌溉面积（hm^2）——区统计资料或园林部门证明材料；

农业灌溉面积及农业节水灌溉面积（hm^2）——《北京市水务统计年鉴》。

四、考评申报材料

（一）申报材料

（1）节水型区创建工作组织与实施方案。

（2）节水型区创建工作总结。

（3）申报数据表。

（4）各区节水型区创建自评报告。

（5）各项指标支撑材料及说明。

（6）节水型区创建工作影像资料。

（7）其他能够体现各区节水工作成效和特色的资料。

（二）申报材料要求

书面申报材料一式四份，并附电子版一份。书面材料要加盖各区政府或区协调小组办公室公章。

材料要全面、简洁，各项指标支撑材料的种类、出处及统计口径要明确、统一，有关资料和表格填写要规范。

每套材料按：节水型区创建工作组织和实施方案、节水型区创建工作总结、申报数据表（指标汇总表、基础数据表、取水定额表）、节水型创建自评报告、各项指标支撑材料等顺序排列，并装订成册。

（三）特别说明

（1）考核时，将11项指标的年度数据范围按照“过程指标”和“累计指标”进行区分。

过程指标反映节水工作的过程管理情况，需要考核每年完成情况。其中执法检查覆盖率、“三同时”制度落实率、节水设施正常运行率、人均生活用水量四个指标考核2016年至申报年每年的达标情况；节水型社会建设投入水平和万元地区生产总值新水用量年下降率两个指标考核2016年至申报年的平均达标情况。

累计指标反映节水工作的累计管理情况，只需考核申报年上一年度的指标完成情况，包括计划用水覆盖率、节水型企业（单位）覆盖率、节水型社区（村庄）覆盖率、主要工业行业用水定额达标率、城镇节水器具普及率、绿地林地及农业节水灌溉面积比率。

（2）各区自2017年起，每年6月30日前提交上一年度的申报数据表，以便申报年评估相关过程指标达标情况，若数据缺失，按照指标不达标处理。

北京市水环境区域补偿办法（试行）

京政办发〔2014〕57号

第一条　为进一步完善本市水环境管理手段，切实落实区县政府水环境治理责任，不断改善水环境质量，依据《城镇排水与污水处理条例》（国务院令第641号）、《北京市水污染防治条例》及相关法律法规的规定，制定本办法。

第二条　本办法适用于本市行政区域内流域上下游区县政府间因污染物超过断面水质考核标准和未完成污水治理任务而进行的经济补偿活动。

第三条　考核指标包括跨界断面水质浓度指标和污水治理年度任务指标两项内容。

根据国务院重点流域水污染防治考核有关要求，结合本市实际，跨界断面水质浓度考核经济补偿指标确定为化学需氧量或高锰酸盐指数（其中水质目标为Ⅱ、Ⅲ类的经济补偿指标为高锰酸盐指数，水质目标为Ⅳ类及以上时为化学需氧量）、氨氮、总磷等 3 项。

依据本市制定的污水治理计划，污水治理年度任务指标包括两种情况：东城区、西城区、朝阳区、石景山区、海淀区（不含山后地区）、丰台区（不含河西地区）以及昌平区回龙观地区等实行跨区污水处理的区或区域，按照市政府确定的中心城区污水处理率年度目标和跨区污水处理情况进行考核；其他区县或区域按照污水治理项目建设和污水处理率年度目标完成情况进行考核。

第四条 区县跨界断面的设置由市环保局会同市水务局、相关区县政府提出，报市政府审定后执行。

区县污水治理年度任务指标的设置由市水务局会同市环保局、相关区县政府提出，报市政府审定后执行。

第五条 跨界断面考核以断面年度水质目标为考核标准。污水治理年度任务考核以市政府确定的区县政府年度工作任务目标为考核标准。

第六条 跨界断面考核以水质自动监测站数据月均值作为考核依据；暂不具备水质自动监测条件的断面，以人工监测数据月均值作为考核依据。监测方法按照国家地表水和污水监测技术规范等执行，具体监测方案由市环保局制定。

污水治理年度任务考核以区县用水量、污水排放量、常住人口、污水处理设施运行监测以及建设任务完成情况为考核依据。

第七条 跨界断面补偿金按以下标准计算：

（一）当无入境水流，跨界断面出境污染物浓度超出该断面水质考核标准，或有入境水流，跨界断面出境污染物浓度比入境断面该种污染物浓度增加时，其浓度相对于该断面水质考核标准每变差 1 个功能类别，补偿金标准为 30 万元 / 月。

当跨界断面污染物浓度劣于Ⅴ类时，应追加补偿金，具体标准为：

当化学需氧量浓度大于 40 毫克 / 升时，每增加 10 毫克 / 升以内（含 10 毫克 / 升）追加补偿金 30 万元 / 月，或当高锰酸盐指数浓度大于 15 毫克 / 升时，每增加 5 毫克 / 升以内（含 5 毫克 / 升）追加补偿金 30 万元 / 月；当氨氮浓度大于 2 毫克 / 升时，每增加 1 毫克 / 升以内（含 1 毫克 / 升）追加补偿金 10 万元 / 月；当总磷浓度大于 0.5 毫克 / 升时，每增加 0.5 毫克 / 升以内（含 0.5 毫克 / 升）追加补偿金 20 万元 / 月。

（二）当跨界断面出境污染物浓度小于或等于入境断面该种污染物浓度，但未达到该断面水质考核标准时，其浓度相对于该断面水质考核标准每变差 1 个功能类别，补偿金标准为 15 万元 / 月。

当跨界断面污染物浓度劣于Ⅴ类时，应追加补偿金，具体标准为：

当化学需氧量浓度大于 40 毫克 / 升时，每增加 10 毫克 / 升以内（含 10 毫克 / 升）追加补偿金 15 万元 / 月，或当高锰酸盐指数浓度大于 15 毫克 / 升时，每增加 5 毫克 / 升以内（含 5 毫克 / 升）追加补偿金 15 万元 / 月；当氨氮浓度大于 2 毫克 / 升时，每增加 1 毫克 / 升以内（含 1 毫克 / 升）追加补偿金 5 万元 / 月；当总磷浓度大于 0.5 毫克 / 升时，每增加 0.5 毫克 / 升以内（含 0.5 毫克 / 升）追加补偿金 10 万元 / 月。

第八条 同一跨界断面 3 项考核指标累加计算补偿金；同一区县内，所有超过水质考核标准的断面按月累加计算补偿金。

当存在以下情况时，按下列方法核算：

（一）若跨界断面全月断流，则当月不计算该断面补偿金；若非全月断流，则以当月有水日监测数据均值计算该断面补偿金。

（二）若跨界断面处于区县界河，按流域范围内区县污染物的排放量比例分摊补偿金。

（三）同一区县内同一流域出、入境断面数量不一致时，将多个出、入境断面污染物浓度按各断面近3年水量平均值加权核算补偿金。

（四）由于违法排污导致跨界断面污染物浓度超标时，以当月监测的最大超标浓度值计算补偿金。

第九条　污水集中处理设施出水污染物浓度应当符合国家及本市相关水污染物排放标准。环保、水务等部门应利用自动监测设施、第三方监测、抽查等方式加强对污水处理设施运营单位的监管，对超标排放的运营单位依法从严查处。

第十条　污水治理年度任务补偿金按照以下方法计算：

（一）实行跨区污水处理的区或区域应缴纳补偿金，其金额为：本区或区域污水排放量乘以市政府确定的中心城区污水处理率年度目标，减去本区或区域污水处理设施处理量后，再乘以单位污水处理成本。

（二）其他区县或区域如未按期完成年度污水治理项目建设和未达到污水处理率年度目标，应缴纳补偿金，其金额为：本区县或区域未按期完成年度污水治理项目建设补偿金额乘以50%，加上本区县或区域未达到污水处理率年度目标补偿金额乘以50%。其中：

未按期完成年度污水治理项目建设补偿金额为本区县或区域未按期完成的项目设计日处理能力、负荷率（第一年为50%、第二年及以后为70%）、延期日数、单位污水处理成本的乘积。同一区县或区域如有多个项目未按期完成，应累加计算补偿金。

未达到污水处理率年度目标补偿金额为本区县或区域污水排放量乘以本区县污水处理率年度目标，减去本区县或区域污水处理设施处理量后，再乘以单位污水处理成本。

（三）海淀区、丰台区、昌平区应缴纳的补偿金包括本区内实行跨区污水处理区域缴纳的补偿金，加上其他区域未按期完成年度污水治理项目建设和未达到污水处理率年度目标缴纳的补偿金。

（四）对于完成时间设定在阶段目标任务截止年度的污水治理项目，如未按期完成，应双倍计算补偿金。

第十一条　补偿金由市水务局会同市环保局、市财政局组织各区县政府进行核算，按年度收缴。

（一）市环保局根据跨界断面水质监测数据和水质目标，逐月核算补偿金；市水务局根据各区县政府污水治理年度任务完成情况，按年度核算补偿金。

（二）市环保局、市水务局于每年年初将上一年度应缴纳的跨界断面补偿金额和污水治理年度任务补偿金额通报市财政局和各区县政府，由市财政局与各区县财政局结算。

第十二条　补偿金按以下规定进行分配和使用：

（一）上游区县政府缴纳的跨界断面补偿金全部分配给下游区县政府，下游区县政府获得的跨界断面补偿金须用于本区县水源地保护和水环境治理项目，以及污水处理设施及配套管网、相关监测设施的建设与运行维护等工作。

断面下游为其他省市的，区县政府缴纳的补偿金由市环保局商市财政局、市水务局统筹安排用于全市水源地保护，以及污水处理设施及配套管网、相关监测设施的建设与运行维护等工作。如国家出台跨省（区、市）流域水污染补偿相关政策，出市界断面的补偿金可根据国家政策用于对下游其他省市的补偿。

（二）实行跨区污水处理的区或区域缴纳的污水治理年度任务补偿金，40% 由市级统筹，主要用于实行跨区污水处理的区或区域的配套管网建设和污水处理设施的运行维护补贴；30% 用于本区的水环境治理项目建设、小型或临时污水处理设施及其配套管网建设，相关设施运行维护等工作；30% 用于跨区污水处理设施所在区的水环境治理项目建设、小型或临时污水处理设施及其配套管网建设，相关设施运行维护等工作。

其他区县或区域缴纳的污水治理年度任务补偿金，70% 用于本区县的水环境治理项目建设，以及污水处理设施及配套管网、相关监测设施的建设与运行维护等工作；30% 用于下游区县的水环境治理项目建设，以及污水处理设施及配套管网、相关监测设施的建设与运行维护等工作。

第十三条 严格补偿金监管，不得以任何理由和形式截留、挤占、挪用补偿金。补偿金使用单位应建立专项档案，记录项目实施及补偿金使用情况。市相关部门要定期对区县政府补偿金管理使用和项目实施情况进行监督检查，对违反规定的，在下年度分配补偿金时扣除，对情节严重的，由相关部门依法追究有关单位和人员的责任。

第十四条 市环保局、市水务局将各区县的跨界断面水质和污水治理年度任务考核情况以适当方式向社会公布。

第十五条 本办法由市水务局会同市环保局、市财政局负责解释，自 2015 年 1 月 1 日起施行。

参考文献

[1] ATKINSON A B, JESTIGLITZ. Lecture on public economics [M]. London: McGraw-Hill, 1980.

[2] BERGSON A. Optimal pricing for a public enterprise [J]. Quarterly Journal of economics, 1972: 519-544.

[3] SPENCE M. Nonlinear prices and welfare [J]. Journal of public economics, 1977: 1-18.

[4] TUREY R. Optimal pricing and investment in electricity supply [M]. London: Allen & Unwin, 1968.

[5] 北京市统计局.《北京统计年鉴》(2000—2011).

[6] 北京市水务局.《水务统计年鉴》(2000—2011).

[7] 中华人民共和国水利部. SL 367—2006 城市综合用水量标准 [S]. 上海:上海人民美术出版社,2007.

[8] 杜兵. 北京市城市污水处理厂水质升级技术需求及筛选 [J]. 中国建设信息(水工业市场). 2010(9): 12-16.

[9] 逄勇,徐秋霞. 水源地水污染风险等级判别方法及应用 [J]. 环境监控与预警,2009,1(2): 1-4.

[10] 官厅水系水源保护领导小组办公室. 官厅水系水源保护的研究(1973 年—1975 年科研总结)[G]. 1977.

[11] 姜文来. 水资源价值论 [M]. 北京:科学出版社,1998.

[12] 郭磊,张士锋. 北京市工业用水节水分析及工业产业结构调整对节水的贡献 [J]. 海河水利,2004(3): 55-58.

[13] 何大伟,陈静生. 我国实施流域水资源管理与水环境一体化管理构想 [J]. 中国人口·资源与环境,2000,10(2): 31-34.

[14] 黄振芳,刘昌明,刘波,等. 水华预警指标体系研究 [J]. 人民黄河,2010,32(5): 8-10.

[15] 来海亮,汪党献,吴涤非. 水资源及其开发利用综合评价指标体系 [J]. 水科学进展,2006,17(1): 95-101.

[16] 梁涛,张秀梅,章申. 官厅水库及永定河枯水期水体氮、磷和重金属含量分布规律 [J]. 地理科学进展,2001,20(4): 341-345.

[17] 李志强,魏智敏. 实施统一管理是保障水资源可持续利用的战略措施 [J]. 南

水北调与水利科技，2003（3）：37-40.

[18] 李志启．妄议北京的水资源危机［J］．中国工程咨询．2010（10）：42-43.

[19] 李晶．实行最严格的水资源管理制度机遇与挑战并存［J］．水利发展研究，2010（8）：41-45.

[20] 刘曦，孙艳，王秀茹，等．北京市计划用水方案实施研究［J］．南水北调与水利科技，2011（1）：166-168.

[21] 刘培斌．北京市污水深度处理与再生水循环利用规划方案［J］．中国建设信息（水工业市场）．2008（6）：37-39.

[22] 刘玉龙，甘泓，王慧峰．水资源流域管理与区域管理模式浅析［J］．中国水利水电科学研究院学报，2003，1（1）：52-55.

[23] 刘恒，耿雷华，陈晓燕．区域水资源可持续利用评价指标体系的建立［J］．水科学进展，2003，14（5）：266-270.

[24] 刘晓君，李颖．博弈论在城市水资源定价中的应用［J］，河北上业大学学报，2004（8）：41-44.

[25] 刘黎明．财政转移支付的博弈分析［M］．北京：中国财政经济出版社，2000.

[26] 马帅，俞淞，王韶伟，等．北京市实施最严格水资源管理制度的探讨［J］．南水北调与水利科技，2012，10（2）：72-76.

[27] ［美］K．J．阿罗，M．D．英特里盖特．公共经济学手册（第一卷）［M］．北京：经济科学出版社，2005：115.

[28] ［美］朱·弗登伯格，让·梯若尔．博弈论［M］，北京：中国人民大学出版社，2006：216-221。

[29] 水利网．2005 年全国水利发展统计公报．http：//www.mwr.gov.cn/gb/tj/gb4.asp.

[30] 唐文哲，强茂山，王忠静，等．流域管理与区域管理相结合的机制研究［J］．水力发电学报，2010，29（4）：62-67.

[31] 田金霞．北京市农业节水发展现状与思考．节水灌溉，2008（11）：59-60.

[32] 徐荟华，夏鹏飞．国外流域管理对我国的启示［J］．水利发展研究，2006（5）：56-59.

[33] 王蕾，杨敏，郭召海，等．密云水库水质变化规律初探［J］．中国给水排水，2006，22（13）：45-48.

[34] 王永玲．官厅水库细菌监测及其分析［J］．北京水利，1997（1）：50-51，56.

[35] 赵伟纯，李大明．官厅水库有机污染现状及其评价初探［J］．环境保护，1994，1（2）：27-30.

[36] 王成玉．对贯彻实施最严格的水资源管理制度的思考［J］．水利发展研究，2011（7）：28-30.

[37] 杨德生，高德政，魏良帅．基于 GIS 的节水型社会水资源综合管理信息系统设计初探［J］．南水北调与水利科技，2004，2（5）：42-44.

[38] 赵聘婷，徐光增，胡继连. 我国水资源管理体制构想及其运作博弈分析 [J]，水利发展研究，2005（2）：17-19.

[39] 宗焕平，刘浦泉. 北京“水危机”警报 [J]. 瞭望新闻周刊. 2004（14）：17-19.

[40] 中共北京市委. 北京市人民政府关于进一步加强水务改革发展的意见. 2011.

[41] 中央一号文件《中共中央国务院关于加快水利改革发展的决定》，2010.